U0879362

《安徽省生态环境管控体系构建与管控单元划分研究》
编 委 会

主　编：张　红

副主编：汪水兵　王晓辉　陈红枫

编　委：匡　武　吴　楠　海子彬　吴　蕾　文国涛
易明建　蒯文玲　陈　凝　袁翀裕　洪星园
齐翠翠　王　蕾　黄　勇　洪　倩　侯长莉
黄　军　杨小燕　刘　乐　吕睿喆　王玲玲
翟　菁　葛宏艳　余　灏　程　鹏　朱　森
杨　鹏　秦志勇　肖发宝　张爱军

安徽省生态环境管控体系构建与管控单元划分研究

张　红　汪水兵　王晓辉　陈红枫　等 编著

中国环境出版集团·北京

图书在版编目（CIP）数据

安徽省生态环境管控体系构建与管控单元划分研究/张红等编著. —北京：中国环境出版集团，2020.6
ISBN 978-7-5111-4357-0

Ⅰ. ①安… Ⅱ. ①张… Ⅲ. ①生态环境—环境管理—研究—安徽 Ⅳ. ①X321.254

中国版本图书馆 CIP 数据核字（2020）第 099456 号

出 版 人　武德凯
责任编辑　葛　莉
文字编辑　史雯雅
责任校对　任　丽
封面设计　宋　瑞

出版发行　中国环境出版集团
（100062　北京市东城区广渠门内大街 16 号）
网　　址：http://www.cesp.com.cn
电子邮箱：bjgl@cesp.com.cn
联系电话：010-67112765（编辑管理部）
010-67113412（第二分社）
发行热线：010-67125803，010-67113405（传真）

印　　刷　北京建宏印刷有限公司
经　　销　各地新华书店
版　　次　2020 年 6 月第 1 版
印　　次　2020 年 6 月第 1 次印刷
开　　本　787×1092　1/16
印　　张　9
字　　数　172 千字
定　　价　56.00 元

【版权所有。未经许可请勿翻印、转载，侵权必究】
如有缺页、破损、倒装等印装质量问题，请寄回本集团更换

中国环境出版集团郑重承诺：
中国环境出版集团合作的印刷单位、材料单位均具有中国环境标志产品认证；
中国环境出版集团所有图书“禁塑”。

目 录

第 1 章　概　述

1.1　项目背景

近年来，习近平总书记在中央深化改革领导小组第十四次会议、中央政治局第四十一次集体学习、全国生态环境保护大会上明确提出，要加快划定并严守生态保护红线、环境质量底线、资源利用上线三条红线。中共中央、国务院《关于全面加强生态环境保护　坚决打好污染防治攻坚战的意见》和《打赢蓝天保卫战三年行动计划》中提出要落实生态保护红线、环境质量底线、资源利用上线硬约束。

2017 年 11 月，环境保护部在着力推动长江经济带战略环境评价的同时，按照“守底线、拓空间、优格局、提质量、保功能”的生态环境安全战略框架，安排包括安徽省在内的长江经济带沿线 11 省（市）和三江源头青海省作为试点省份开展生态环境管控体系研究，结合《“生态保护红线、环境质量底线、资源利用上线和环境准入负面清单”编制技术指南（试行）》，形成“生态保护红线、环境质量底线、资源利用上线和生态环境准入清单”（以下简称“三线一单”）。

为全面贯彻落实中央及环境保护部的部署要求，安徽省于 2017 年 12 月启动生态环境管控体系研究，并于 2019 年 11 月编制完成安徽省“三线一单”。

本书关于安徽省生态环境管控体系与管控单元划分的研究是在“三线一单”研究成果的基础上凝练完成的。

1.2　目的与定位

安徽地处华东内陆腹地，属中国南北方的过渡地带，也是承东启西的重要纽带。境内皖南山区和皖西大别山区是华东重要生态屏障，是长江、淮河和新安江水系诸多中小型河流的发源地及水库水源涵养区，也是国家生物多样性保护重要区域。沿江、沿淮湿地具有重要的洪水调蓄功能，保障长江下游、淮河中下游沿岸城市的防洪安全，是国家重要生态功能区。安徽省全域被纳入长三角一体化发展和中部崛起等多项国家战略，实现了从“传统农业大省”到“新兴工业大省”、从“创新追赶”到“创新引领”的历史性变革，焕发出强劲的创新活力，着力打造具有重要影响力的科技创新策源地、新兴产业集聚地、绿色发展样板区，是推动制造业高质量发展、推进城乡深度融合、建设长三角连通中西部的重要开放枢纽。

近年来，安徽省委、省政府深入贯彻习近平新时代中国特色社会主义思想和习近平总书记 2016 年视察安徽时的重要讲话精神，坚持节约资源和保护环境的基本国策，把生态文明建设放在十分突出的战略位置，以长江、淮河、新安江、巢湖流域示范创建为抓手，优化国土空间开发格局，全面促进资源节约利用，加大自然生态系统的环境保护力度，实现绿水青山和金山银山的有机统一。全面落实《长江三角洲区域一体化发展规划纲要》《长江经济带发展规划纲要》《淮河生态经济带发展规划》，坚持省域一体化发展，高质量打造“一圈五区”发展新格局，扎实推进“两廊两屏一区”建设，奋力开创“现代化五大发展美好安徽”建设新局面，打造生态文明建设的安徽样板。加快确定 “三线一单”，对积极融入国家重大战略、助推全省经济高质量发展具有重要意义。

1.3 指导思想与基本原则

1.3.1 指导思想

以习近平新时代中国特色社会主义思想为指导，践行绿色发展理念，以改善环境质量为核心，以生态保护红线、环境质量底线、资源利用上线为基础，将行政区划分为若干环境管控单元，在一张图上落实生态保护、环境质量目标管理、资源利用上线管控的要求，按照环境管控单元编制生态环境准入清单，构建生态环境管控体系。通过编制“三线一单”，为战略和规划环评落地、项目环评审批等提供硬约束，为其他环境管理工作提供空间管控依据，促进形成绿色发展方式和绿色生产生活方式。

1.3.2 基本原则

（1）加强统筹衔接

生态环境管控分区需衔接生态保护红线、环境质量目标、环境承载能力、空间规划、相关污染防治规划和行动计划、战略环评和规划环评等成果，划定不同管控分区，实施分区环境管控。

（2）强化空间管控

集成生态保护红线及生态空间、环境质量底线、资源利用上线的环境管控要求，形成以环境管控单元为基础的空间管控体系。

（3）突出差别准入

针对不同的环境管控单元，在空间布局约束、污染物排放管控、环境风险防控、资源利用效率等方面，制定差异化的环境准入要求，促进精细化管理。

（4）实施动态更新

随着绿色发展理念深化、生态文明建设推进、环境保护要求提升、社会经济技术进步，“三线一单”相关管理要求逐步完善、动态更新，应建立常规调整和动态调整相结合的机制。

（5）坚持因地制宜

根据安徽省自然条件、城市建设和经济发展等情况，以及生态环境管理基础和能力现状，选择科学可行的技术方法，合理确定管控单元，制定符合安徽省实际的“三线一单”。

1.4 主要工作内容

1.4.1 评价时段

本研究基准年：2017 年；评价年：2020 年。

1.4.2 主要工作内容

主要工作内容包括：

1）划定生态保护红线与生态空间。

2）划定环境质量底线与分区。

3）划定资源利用上线与分区。

4）确定生态环境管控单元。

5）编制生态环境准入清单。

6）建立“三线一单”成果应用机制。

1.5 技术路线

构建安徽省生态环境管控体系，形成可落地、可实用的“三线一单”。安徽省生态环境管控体系由管控区、管控单元和生态环境准入清单构成（图 1-1）。

管控区包括环境要素管控区（生态环境、水环境、大气环境和土壤环境）、资源要素管控区（水资源、土地资源、煤炭资源和岸线资源）。其中，生态空间管控区包括生态保护红线和一般生态空间，均为优先保护区；水环境管控区和大气环境管控区包括优先保护区、重点管控区和一般管控区；土壤环境风险防控区包括优先保护区、重点防控区和一般防控区。水资源管控区、土地资源管控区和煤炭资源管控区包括重点管控区和一般管控区；岸线资源管控区包括优先保护岸线、重点管控岸线和一般管控岸线。

管控单元是将各类环境要素进行聚类，形成优先保护单元、重点管控单元和一般管控单元。其中优先保护单元包括生态空间优先保护区、水环境优先保护区和大气环境优先保护区；重点管控单元包括水环境重点管控区、大气环境重点管控区和土壤环境风险重点防控区；按照管控单元全覆盖原则，其余为一般管控单元。

根据《生态环境准入清单编制要点（试行）》的规定，结合安徽省实际，构建“1+5+16+N”的四级生态环境准入清单管控体系。

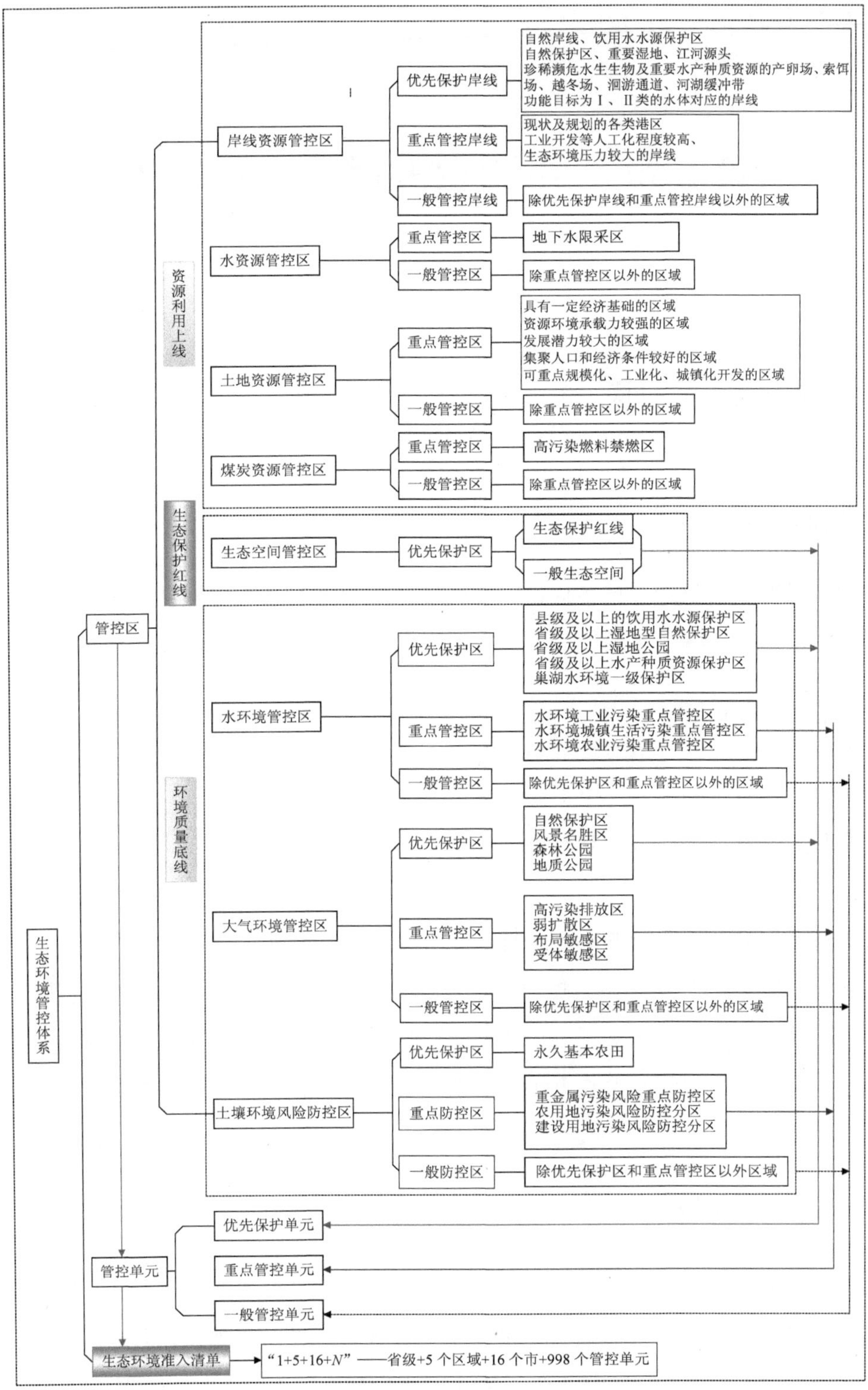

图 1-1 安徽省生态环境管控体系框架

第 2 章　生态保护红线与生态空间

2.1　生态环境质量现状

2.1.1　生态系统多样性

生物多样性通常包括遗传多样性、物种多样性和生态系统多样性三个层次。安徽省生物多样性丰富。安徽省生态系统可分为森林、草地、湿地、水域、农田、城市六大类型。

2.1.2　物种多样性

安徽省已知脊椎动物有 730 种，占全国总数的 13.9%；已知高等植物有 3 645 种，占全国总数的 13.1%；野生动物中兽类有 9 目 25 科 96 种，爬行类有 3 目 11 科 67 种，两栖类有 2 目 9 科 38 种。

安徽省境内野生生物资源丰富多样，其中野茶树、大别山五针松、野大豆、霍山石斛、中华猕猴桃、都支杜鹃、黄山杜鹃、回王鱼、扬子鳄、大鲵、梅花鹿、黑麂、黑熊、原麝、白鳖豚、白冠长尾雉、白颈长尾雉、凹耳蛙、金翼凤蝶、中华蜜蜂等是该省特有种或全国主要分布区富有种，部分已濒临灭绝。目前安徽省主要栽培植物有 6 455 个品种。安徽省主要地方优良畜禽品种有 24 个，约占全国总数（590 个）的 4.1%。

2.1.3　湿地生态系统

安徽省湿地可分为河流湿地、湖泊湿地、沼泽湿地、人工湿地四大类。根据安徽省第二次湿地资源调查结果，全省湿地总面积为 104.18 万 hm^2，湿地占比为 7.47%。其中，自然湿地面积 71.36 万 hm^2，占 68.49%；人工湿地面积 32.82 万 hm^2，占 31.51%。

2.1.4　森林生态系统

安徽省森林主要分布在皖南山区和大别山区，皖东南丘陵也是森林分布区；淮河以北的暖温带森林植被仅在宿州市局部尚有残存。2015 年全省林业用地面积为 449.33 万 hm^2，森林总面积为 395.85 万 hm^2，活立木总蓄积量为 26 145 万 m^3，森林覆盖率为 28.65%，经济林树种单调、层次单一，林木稀疏，物种多样性低，疏林地和灌木林地林层结构不完整、生物量小，所提供的生态系统服务功能低下。

2.1.5　矿山生态

安徽省已发现 138 种（含亚矿种）矿产，保有矿产资源储量潜在总值为 2.06 万亿元。在 45 种主要矿产中，查明资源储量的有 28 种，居全国前 10 位的有 12 种，其中煤炭居全国第 7 位，居华东首位；铁、铜分别居全国第 4 位和第 7 位；水泥用石灰岩、硫铁矿分别居全国第 4 位和第 2 位。

2.1.6　土壤侵蚀

安徽省降水丰富，山地、丘陵和岗地分布广，局部坡度较大，部分地区水土流失较为严重。全省水土流失面积 13 900 km^2，占总面积的 19%。全省土壤侵蚀等级在轻度侵蚀以上的水土流失面积为 18 756.7 km^2，其中轻度为 13 654.5 km^2，中度为 4 339.5 km^2，强烈为 664.1 km^2，极强烈为 98.6 km^2。

2.1.7　水资源与水环境

安徽省多年平均降水总量为 $1\,636.34\times10^8$ m^3，地表水资源量为 525.41×10^4 m^3，地下水资源量为 144.543×10^4 m^3，扣除重复计算量后，全省水资源总量约为 585.59×10^4 m^3。

2017 年，淮河流域 43 个国控断面（42 个河流断面，1 个湖泊断面）和 32 个省控断面（30 个河流断面，2 个湖泊断面），水质达标比例分别为 83.7%和 34.4%，断面各类水质占比分别为Ⅱ类 10.5%、Ⅲ类 50.0%、Ⅳ类 26.3%、Ⅴ类 7.9%、劣Ⅴ类 5.3%。

巢湖流域 23 个国控断面（14 个河流断面，9 个湖泊断面）和 5 个省控断面（均为河流断面），水质达标比例分别为 82.6%和 80%，断面各类水质占比分别为Ⅱ类 36.4%、Ⅲ类 31.8%、Ⅳ类 9.1%、Ⅴ类 4.5%、劣Ⅴ类 18.2%。

长江流域 49 个国控断面（40 个河流断面，9 个湖泊断面）和 32 个省控断面（24 个河流断面，8 个湖泊断面），水质达标比例分别为 77.6%和 96.9%，断面各类水质占比分别为Ⅰ类 2.6%、Ⅱ类 65.4%、Ⅲ类 23.7%、Ⅳ类 7.0%、Ⅴ类 1.3%。

2.1.8 城市生态系统

安徽省现有国家园林城市 11 个，国家园林县城 3 个，国家园林城镇 1 个，省级园林城市 8 个，省级园林县城 22 个；国家森林城市 3 个，省级森林城市 9 个，省级森林城镇 113 个；国家水生态文明建设试点市 6 个，省级水生态文明城市 10 个，水环境优美乡村建设试点 28 个。2015 年，全省城市建成区绿化覆盖率 41.18%，建成区绿地率 37.16%，人均公园绿地面积 13.37 m^2。

2.2 生态保护目标

到 2020 年，全省森林覆盖率超过 30%，森林蓄积量达到 2.7 亿 m^3，湿地保有量不低于 1 560 万亩①，重点生态功能区所属县域生态环境状况指数在 85.90 以上，构建统一的自然保护地分类分级管理体制；到 2025 年，全省森林覆盖率超过 31%，林木总蓄积量达到 3.5 亿 m^3，湿地保护率超过 52%，初步建成以国家公园为主体的自然保护地体系，全省生态保护红线格局进一步优化，生态系统质量、稳定性和自然生态空间承载力进一步加强；到 2035 年，生态环境质量实现根本好转，自然保护地管理达到世界先进水平，国家和区域生态安全得到充分保障，美好安徽基本建成。

2.3 生态保护红线

安徽省生态保护红线划定方案已获国务院批准，安徽省人民政府于 2018 年 6 月 27 日发布了《安徽省人民政府关于发布安徽省生态保护红线的通知》（皖政秘〔2018〕120 号），安徽省生态保护红线总面积为 21 233.39 km^2，占全省国土总面积的 15.15%。

---

① 1 亩=1/15 hm^2。

2.4　一般生态空间

2.4.1　划定原则

根据安徽省不同生态系统的生物多样性保护、水源涵养、水土保持等服务功能重要性综合评估结果与全省土壤侵蚀和地质灾害等生态环境敏感性综合评估结果，应用最新遥感影像解译成果，考虑维护省域森林、草地、湿地和荒地生态系统完整性、稳定性的要求和自然保护地体系强制性保护的需要，综合形成全省生态空间本底。按照“三条控制线”（生态保护红线、永久基本农田、城镇开发边界）不交叉、不重叠的原则，扣除生态空间本底中的永久基本农田、城镇开发边界、村镇现状建设用地、开发区边界和合法矿产地，再进行必要的图斑整饰，扣除独立细碎图斑（小于 50 hm^2）后，最后和安徽省已发布的生态保护红线叠加取“并集”，确保所有红线斑块划入生态空间，最终形成安徽省生态空间。

2.4.2　生态功能重要性评估

根据安徽省生态系统特征和生态安全格局，选取的生态系统服务功能重要性评估指标包括水源涵养功能、水土保持功能和生物多样性保护功能 3 项。

（1）水源涵养功能

安徽省水源涵养功能极重要地区面积为 2.95 万 km^2，占全省国土面积的 21.06%，主要分布在皖西大别山区、皖南山区，呈现片状分布，沿江、江淮周边也有零散分布，主要是落叶阔叶林与常绿阔叶林及针阔叶混交林生态系统；安徽省水源涵养功能重要地区面积为 3.21 万 km^2，占全省国土面积的 22.91%，主要分布在极重要地区的周边，主要为郁闭度较高的灌丛和覆盖度较高的草-灌丛复合生态系统；其他区域为一般重要地区，面积为 7.85 万 km^2，占全省国土面积的 56.03%（表 2-1）。

表 2-1　安徽省水源涵养功能重要性分级结果

服务功能重要性分级	一般重要	重要	极重要	合计
面积/万 km^2	7.85	3.21	2.95	14.01
比例/%	56.03	22.91	21.06	100.00

（2）水土保持功能

安徽省水土保持功能极重要地区面积为 2.54 万 km^2，占全省国土面积的 18.13%，主要分布在皖西大别山区、江淮滁州周边，呈现片状分布，皖南山区也有零散分布；安徽省水土保持功能重要地区面积为 2.57 万 km^2，占全省国土面积的 18.34%，主要分布在江淮丘陵地带、皖南山区大部和极重要区的周边地区；安徽省水土保持功能一般重要地区面积为 8.90 万 km^2，占全省国土面积的 63.53%，主要分布在皖北和皖东沿江地区（表 2-2）。

表 2-2 安徽省水土保持功能重要性分级结果

服务功能重要性分级	一般重要	重要	极重要	合计
面积/万 km^2	8.90	2.57	2.54	14.01
比例/%	63.53	18.34	18.13	100.00

（3）生物多样性保护功能

安徽省生物多样性保护功能极重要地区面积为 2.91 万 km^2，占全省国土面积的 20.77%，主要分布在皖南山区以黄山、九华山为中心的中低山地区，宣城等地的低山区，以大别山区天马、鹞落坪国家级自然保护区为中心的地区，以及安庆、池州的沿长江湿地地区；生物多样性保护功能重要地区面积为 5.65 万 km^2，占全省国土面积的 40.33%，主要分布在皖南山区南部边缘地带、沿江的低山丘陵地区、大别山南麓的中低山区及北麓的边缘地区、皖东丘陵、巢湖周边、淮河沿岸湿地等地区，在滁州市西部低山丘陵区也有分布；生物多样性保护功能一般重要地区面积为 5.45 万 km^2，占全省国土面积的 38.90%，主要分布在淮北平原以及江淮之间，此地区多为农业用地，农耕历史悠久，人类活动影响大，全省城镇、工矿等基本分布于此，基本没有保护物种和具有特定意义的生态系统和生境分布（表 2-3）。

表 2-3 安徽省生物多样性保护功能重要性分级结果

服务功能重要性分级	一般重要	重要	极重要	合计
面积/万 km^2	5.45	5.65	2.91	14.01
比例/%	38.90	40.33	20.77	100.0

2.4.3 生态环境敏感性评估

根据安徽省生态系统特征和生态环境主要影响因子，选择水土流失和地质灾害共 2

项指标进行生态环境敏感性评估，按照一定的分区原则，辨识安徽省主要的生态环境敏感区域。

（1）水土流失敏感区

安徽省水土流失极敏感地区面积为 0.50 万 km^2，占全省国土面积的 3.56%，零星分布于皖南山区和大别山区地区，其中在歙县与绩溪交界处、金寨县梅山和响洪甸水库区上游相对较为集中；敏感地区面积为 4.11 万 km^2，占全省国土面积的 29.35%，主要成片分布于皖西大别山区和皖南山区，零散分布于沿江江南和江北丘陵区；其他区域为一般敏感地区，面积为 9.40 万 km^2，占全省国土面积的 67.09%（表 2-4）。

表 2-4　安徽省水土流失敏感性分级结果

敏感性分级	一般敏感	敏感	极敏感	合计
面积/万 km^2	9.40	4.11	0.50	14.01
比例/%	67.09	29.35	3.56	100.00

（2）地质灾害敏感区

安徽省境内地质灾害发生极敏感地区面积为 2.58 万 km^2，占全省国土面积的 18.42%，主要分布在皖南和大别山区、沿江地区及江淮之间低山丘陵区，在铜陵、庐南、两淮等矿区也有集中分布；一般敏感地区面积为 0.01 万 km^2，占全省国土面积的 0.07%，主要分布在霍邱县和万台县少部分区域；其他区域为敏感地区，面积为 11.42 万 km^2，占全省国土面积的 81.51%（表 2-5）。

表 2-5　安徽省地质灾害敏感性分级结果

敏感性分级	一般敏感	敏感	极敏感	合计
面积/万 km^2	0.01	11.42	2.58	14.01
比例/%	0.07	81.51	18.42	100.00

2.4.4　一般生态空间划定结果

全省一般生态空间面积为 41 073.22 km^2，占全省国土面积的 29.3%。按照“三条控制线”不交叉、不重叠的原则，扣除生态空间中的永久基本农田、城镇开发边界、村镇现状建设用地、开发区边界和合法矿产地后，剩余生态空间面积为 39 575.37 km^2，占全省国土面积的 28.2%。再进行必要的图斑整饰，扣除独立细碎图斑（小于 50 hm^2）后，剩余生态空间面积为 39 385.50 km^2，占全省国土面积的 28.1%。最后和生态保护红线叠加取“并集”，确保所有红线斑块划入生态空间，最终形成的安徽省生态空间总面积约为 40 096.24 km^2，占全省国土面积的 28.60%。其中，生态保护红线面积为 21 233.40 km^2，占全省国土面积的 15.15%，占生态空间总面积的 52.96%；一般生态空间面积为 18 862.83 km^2，占生态空间总面积的 47.04%（表 2-6 和图 2-1）。

表 2-6 安徽省生态保护红线与生态空间划定成果

行政区	辖区面积/km^2	生态空间		生态保护红线	
		面积/km^2	占比/%	面积/km^2	占比/%
合肥市	11 445.74	1 651.70	14.43	1 309.66	11.44
芜湖市	6 027.93	920.92	15.28	298.47	4.95
蚌埠市	5 949.91	513.73	8.63	263.89	4.44
淮南市	5 532.43	525.55	9.50	373.98	6.76
马鞍山市	4 050.89	809.90	19.99	323.57	7.99
淮北市	2 741.12	102.59	3.74	33.64	1.23
铜陵市	2 967.63	902.22	30.40	507.22	17.09
安庆市	13 526.32	5 812.37	42.97	3 039.79	22.47
黄山市	9 681.27	7 480.40	77.27	3 635.72	37.55
滁州市	13 520.27	2 112.49	15.62	972.08	7.19
阜阳市	10 118.52	336.03	3.32	246.66	2.44
宿州市	9 938.61	942.22	9.48	647.15	6.51
六安市	15 461.16	6 206.01	40.14	4 348.01	28.12
亳州市	8 522.72	106.76	1.25	48.51	0.57
池州市	8 367.36	5 060.15	60.47	2 812.84	33.62
宣城市	12 322.50	6 613.20	53.67	2 372.21	19.25
全省	140 174.38	40 096.24	28.60	21 233.40	15.15

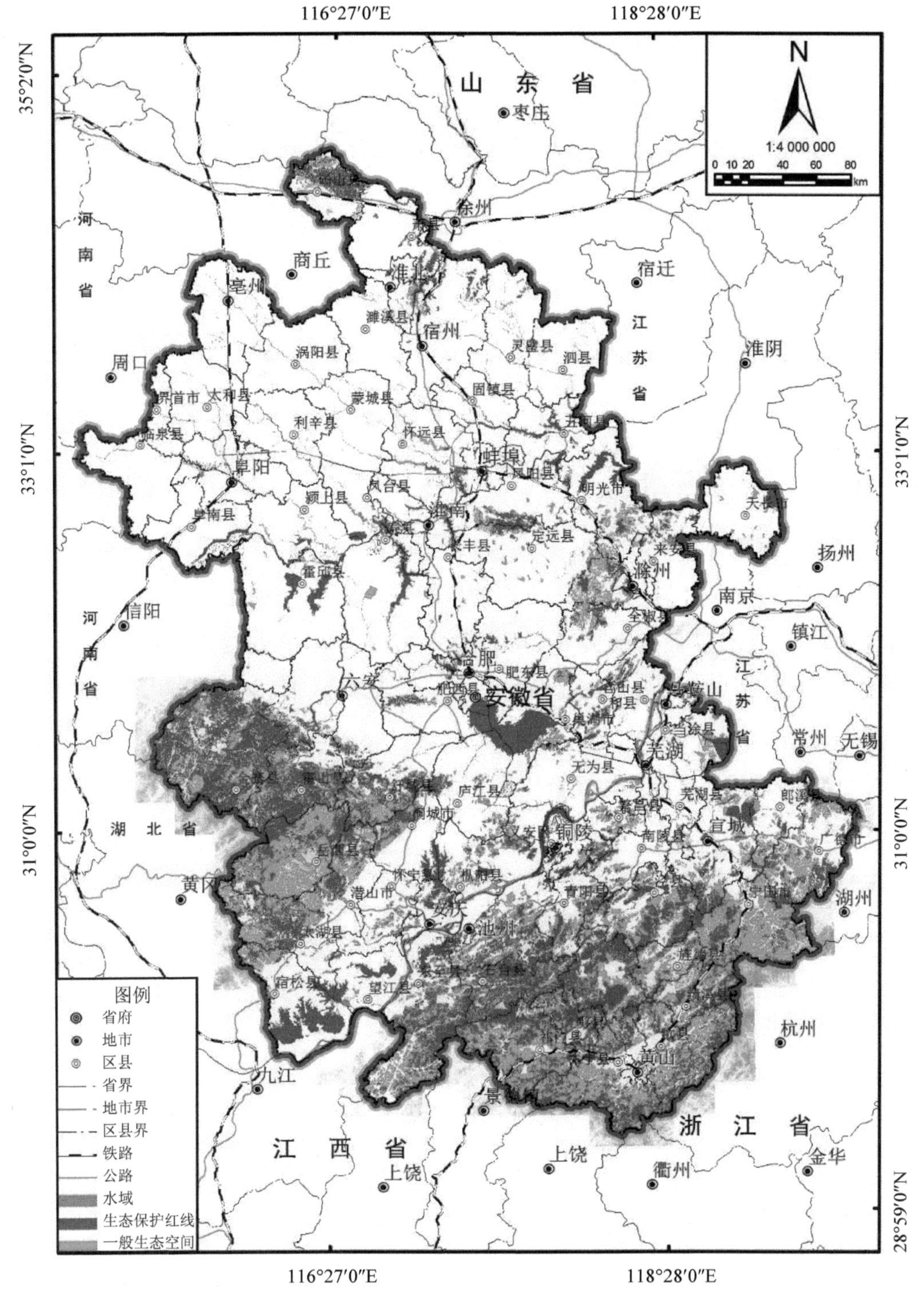

图 2-1　安徽省生态保护红线与一般生态空间分布

第 3 章　环境质量底线与分区

3.1　水环境质量底线与分区

3.1.1　水环境质量现状

3.1.1.1　断面水质现状

安徽省共设定 115 个国控断面、69 个省控断面。其中，淮河流域 43 个国控断面（42 个河流断面，1 个湖泊断面）和 32 个省控断面（30 个河流断面，2 个湖泊断面）。2017 年断面各类水质占比分别为Ⅱ类 10.5%、Ⅲ类 50.0%、Ⅳ类 26.3%、Ⅴ类 7.9%、劣Ⅴ类 5.3%。

巢湖流域 23 个国控断面（14 个河流断面，9 个湖泊断面）和 5 个省控断面（均为河流断面）。2017 年断面各类水质占比分别为Ⅱ类 36.4%、Ⅲ类 31.8%、Ⅳ类 9.1%、Ⅴ类 4.5%、劣Ⅴ类 18.2%。

长江流域 49 个国控断面（40 个河流断面，9 个湖泊断面）和 32 个省控断面（24 个河流断面，8 个湖泊断面）。2017 年断面各类水质占比分别为Ⅰ类 2.6%、Ⅱ类 65.4%、Ⅲ类 23.7%、Ⅳ类 7.0%、Ⅴ类 1.3%。

3.1.1.2　考核国控断面水质分析

（1）淮河鲁台孜断面

2013—2017 年，该断面化学需氧量（COD）浓度有升高趋势，高锰酸盐指数（COD_{Mn}）和总磷（TP）浓度总体呈上升趋势，氨氮（NH_3-N）浓度总体呈下降趋势；2017 年各水期 COD、COD_{Mn} 和 TP 浓度差别不大，枯水期 NH_3-N 浓度明显高于其他两个时期（图 3-1）。

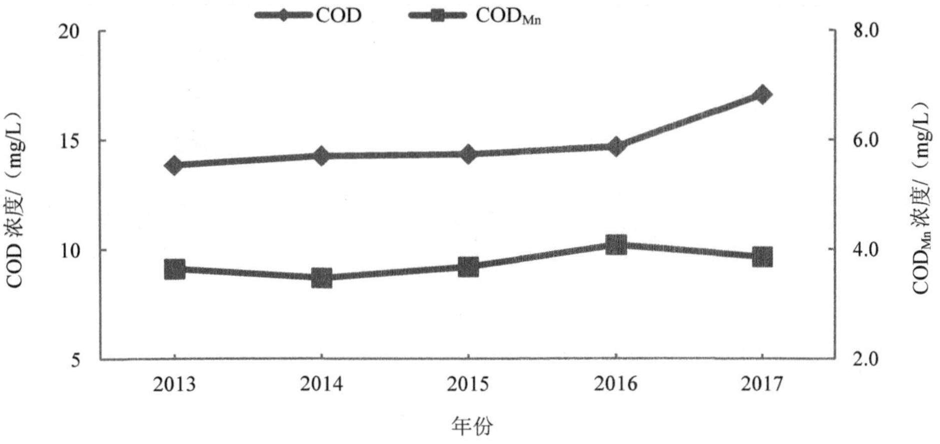

（a）2013—2017 年淮河鲁台孜断面 COD 浓度和 COD_{Mn} 浓度变化趋势

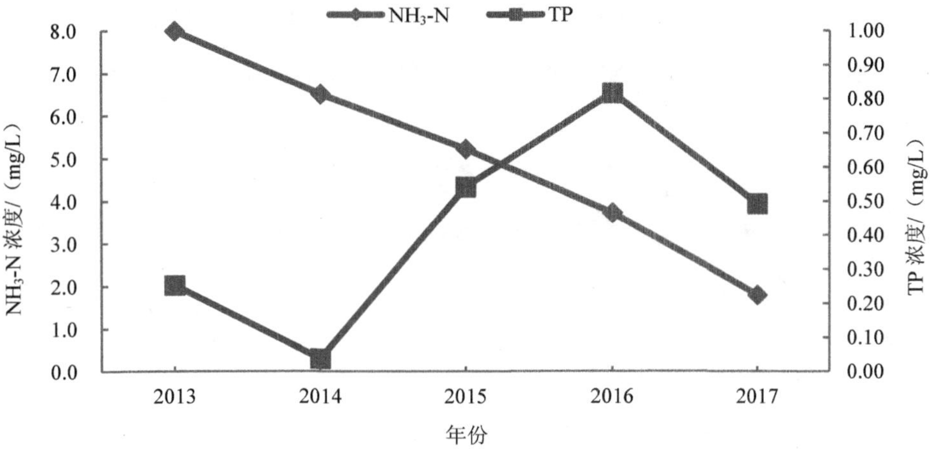

（b）2013—2017 年淮河鲁台孜断面 NH_3-N 浓度和 TP 浓度变化趋势

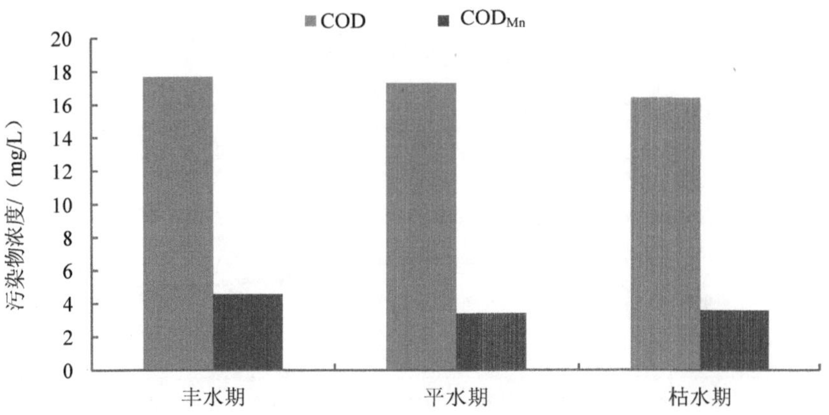

（c）2017 年淮河鲁台孜断面各水期 COD 浓度和 COD_{Mn} 浓度对比

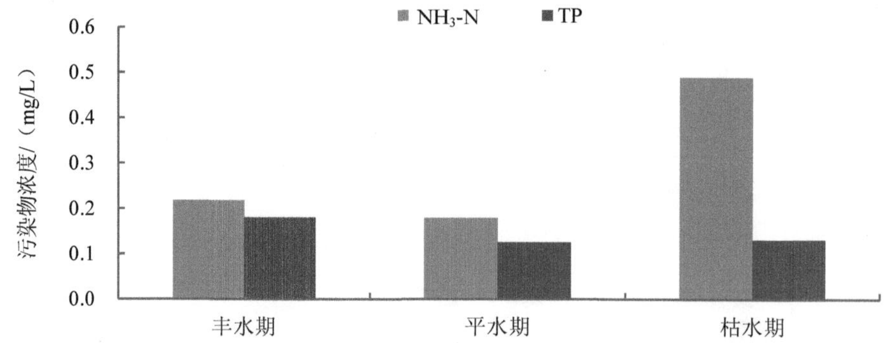

（d）2017 年淮河鲁台孜断面各水期 NH_3-N 浓度和 TP 浓度对比

图 3-1　淮河鲁台孜断面水质分析结果

（2）谷河阜南断面

2013—2017 年，该断面 COD、COD_{Mn}、NH_3-N 的浓度均呈明显下降趋势，TP 浓度总体呈上升趋势；2017 年丰水期 NH_3-N 浓度和 TP 浓度明显高于平水期和枯水期（图 3-2）。

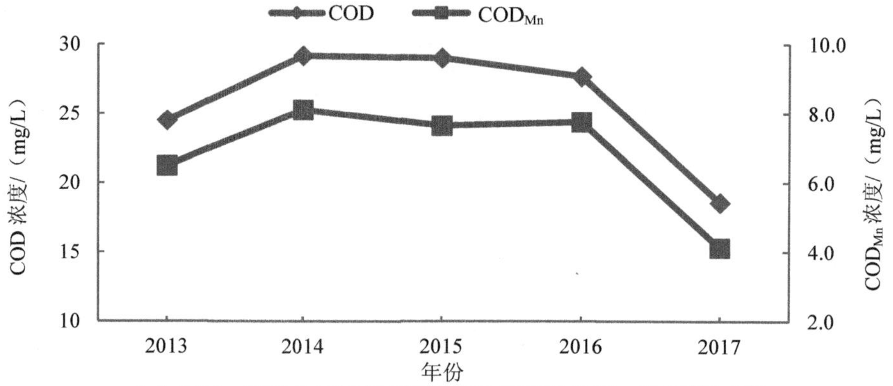

（a）2013—2017 年谷河阜南断面 COD 浓度和 COD_{Mn} 浓度变化趋势

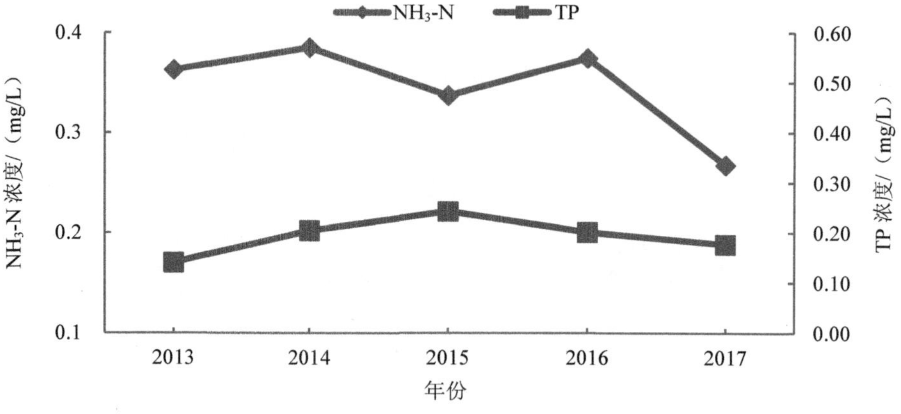

（b）2013—2017 年谷河阜南断面 NH_3-N 浓度和 TP 浓度变化趋势

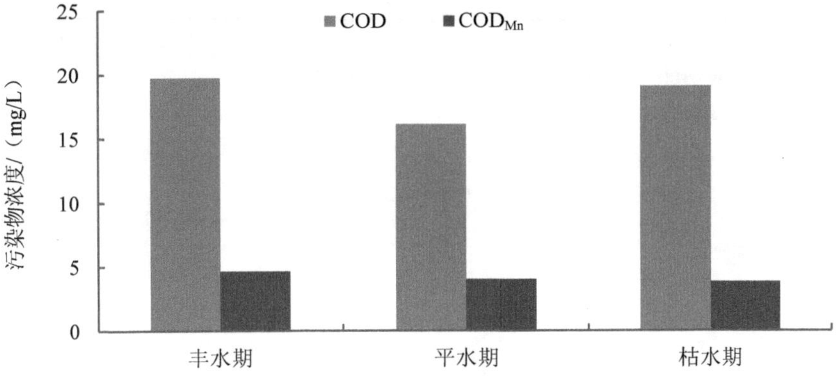

（c）2017 年谷河阜南断面各水期 COD 浓度和 COD_{Mn} 浓度对比

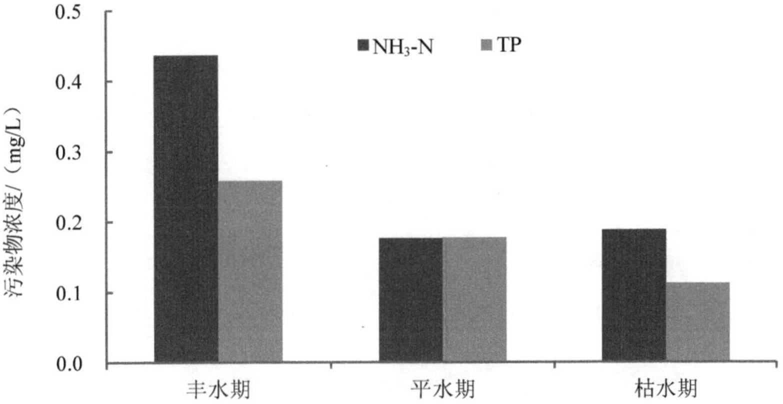

（d）2017 年谷河阜南断面各水期 NH_3-N 浓度和 TP 浓度对比

图 3-2　谷河阜南断面水质分析结果

（3）巢湖西半湖

巢湖西半湖水质目标为Ⅴ类，2013—2017 年，巢湖西半湖除 COD 指标在 2013 年和 2014 年浓度略微超标外，其他各指标（TN 不单独考核，不计 TN）均值均能满足水质目标要求。COD 浓度在 2015 年迅速下降后，近 3 年保持稳定；COD_{Mn} 浓度近 5 年来波动不大；NH_3-N 浓度和 TN 浓度有下降趋势；TP 浓度存在一定程度的波动，2017 年 TP 浓度高于 2013 年水平；总体来说，2015—2017 年水质保持稳定（图 3-3）。

巢湖西半湖营养状态指数目标为 60 以下，呈轻度富营养化。2013—2014 年指数超过 60，为中度富营养；2015—2017 年好转为轻度富营养，但 2017 年指数已逼近 60。

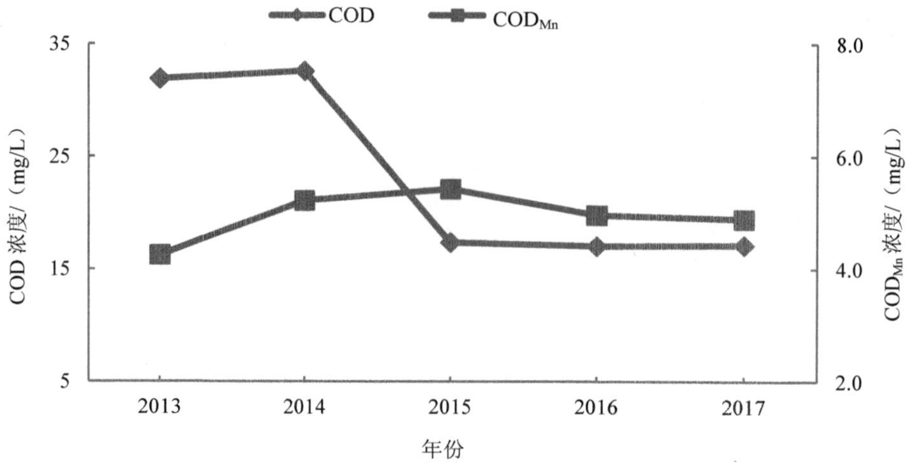

（a）2013—2017 年巢湖西半湖湖心 COD 浓度和 COD_{Mn} 浓度变化趋势

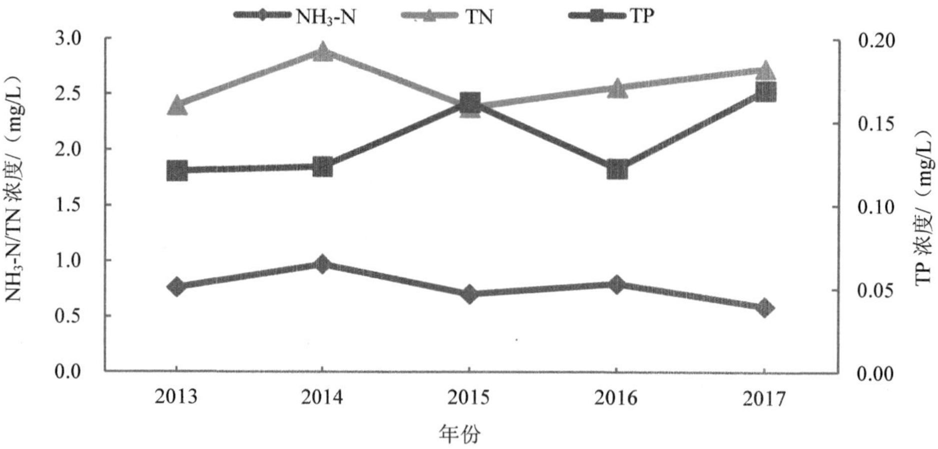

（b）2013—2017 年巢湖西半湖湖心 NH_3-N 浓度、TN 浓度和 TP 浓度变化趋势

图 3-3 2013—2017 年巢湖西半湖水质变化趋势

对全部 106 个考核国控断面的水质进行了详细分析（全部图件较多，列举几个具有代表性的），包括断面主要水质指标浓度的 5 年变化趋势，以及丰水期、平水期、枯水期不同水期的水质浓度变化规律。

3.1.1.3 各流域总体分析

（1）淮河流域

水质明显改善的断面有澥河李大桥闸、涡河岳坊大桥、涡河义门大桥、沱河芦岭桥、沱河关咀、西淝河利辛段、濉河符离闸、谷河阜南、池河公路桥、汲河东湖闸，该类断面水质类别均有一定程度的提升，原有水质均为Ⅳ类或劣于Ⅳ类；水质类别不变，但水质浓度有显著降低的有东淠河陶洪集断面、西淠河响洪甸水库出水断面。

水质浓度先升高后降低的有颍河阜阳段上游和颍河阜阳段下游，2017 年水质优于 2013 年水质，均从Ⅴ类提升到Ⅳ类。2013—2017 年，水质浓度出现波动或基本持平的断面有浍河东坪集、颍河杨湖、瓦埠湖断面、淠河大店岗、淠河新安渡口和史河固始李畈，2017 年水质现状基本与 2013 年一致。水质浓度出现较大波动的断面有浍河蚌埠固镇、浍河湖沟和西淝河闸下，2017 年水质现状要差于 2013 年。水质浓度略微升高的断面有涡河龙亢、怀洪新河五河、淮河石头埠、东淝河五里闸、白塔河天长化工厂和洋河工农兵大桥，该类断面原有水质均较好，达到Ⅱ～Ⅲ类，2017 年水质现状略高于 2013 年，但水质类别不变；水质类别变差的断面有淮河鲁台孜、淮河蚌埠闸上和淮河沫河口，水质从Ⅱ类降至Ⅲ类。

不同水期的变化规律分析表明：丰水期水质差于枯水期水质的河流（湖泊）断面主要有焦岗湖、澥河李大桥闸、沱河后常桥、芦岭桥、关咀、新濉河大屈、浍河东坪集、蚌埠固镇、湖沟、怀洪新河五河、谷河阜南和竹根河丁埠大桥。丰水期水质明显差于枯水期水质的断面有颍河阜阳段上游、颍河阜阳段下游、淮河沫河口、淮河石头埠、白塔河天长化工厂和洋河工农兵大桥。

淮河（蚌埠闸上、沫河口）、濉河符离闸和新濉河大屈断面的主要污染因子是 TP；白塔河天长化工厂、沱河、怀洪新河和颍河断面主要污染因子是 COD，涡河断面主要污染因子是 COD 和 NH_3-N。

（2）长江流域

长江、青通河、秋浦河、黄湓河等河流断面水质浓度呈现不断下降的趋势。长河及菜子湖的 COD、NH_3-N 浓度呈逐渐上升趋势。水阳江（汪溪断面）COD、NH_3-N、COD_{Mn}、TP 浓度全部呈现升高趋势。主要污染因子为 NH_3-N 的有无量溪河和梅渠河，COD 也是梅渠河的主要污染因子。水阳江的主要污染因子是 TP。

（3）巢湖流域

合肥市超标断面均集中在巢湖西北部穿越合肥市区的入湖河流派河、十五里河和南淝河以及巢湖东北部穿越巢湖市区的入湖河流双桥河上；南淝河、十五里河、派河和双桥河的主要超标因子均为 NH_3-N，南淝河和十五里河另外还有 TP 因子超标。

合肥市已达标的水体中，杭埠河北闸渡口断面 COD 浓度连年上升，虽未超标，但可能是未来水质超标的风险因子；兆河入湖口渡口断面 TP 浓度在 2013—2017 年持续上升，已接近 0.09 mg/L；柘皋河柘皋大桥断面 TP 浓度连续 3 年上升，已高于 0.11 mg/L。巢湖湖区东半湖和西半湖水质均达标，但 TP 浓度均有升高趋势，尤其是东半湖比较明显。

3.1.2 污染源入河量统计分析

（1）污染源统计范围

污染源排放量统计为全口径统计，包括工业企业、集中式污水处理厂、规模化畜禽养殖、垃圾填埋场、危废集中处理厂等点源，以及散养畜禽、城镇生活污水（未收集）、农田种植、农村生活污水、水产养殖、城镇径流等污染源。

（2）数据来源及污染物排放量计算

污染源数据主要来自各市上报的“三线一单”数据，以及安徽省环境统计等数据资料。

工业企业污染物排放量仅考虑直排入河部分。

集中式污水处理厂污水处理数据通过统计城市及各乡镇的实际处理量得到。

规模化畜禽养殖污染物排放量依据市级上报的各畜禽养殖场养殖种类、规模、清粪方式、资源化利用率等数据，按照《第一次全国污染源普查畜禽养殖产排污系数手册》测算得到。

垃圾填埋场和危废集中处理厂污染物排放量参考《2017 年度安徽省环境统计年报》。

散养畜禽污染物排放量根据各市上报的各乡镇养殖种类和规模，按照《第一次全国污染源普查畜禽养殖产排污系数手册》[考虑到系数手册没有散养畜禽的排放系数，只有畜禽养殖排污量系数和养殖专业户排污系数（表 3-1 和表 3-2），因此在选取系数的时候，以养殖专业户排污系数为基准，乘以一定放大修正系数] 测算得到。

表 3-1 规模化畜禽养殖场畜禽排污系数

养殖种类/清粪方式	尿液量/粪便量/[L/（头·d）；g/（头·d）]	COD/[g/（头·d）]	NH_3-N/[g/（头·d）]	TN/[g/（头·d）]	TP/[g/（头·d）]
生猪（干清粪）	2.55	34.93	3.49	7.17	0.47
生猪（水冲粪）		186.67	6.02	12.36	2.58
肉鸡（干清粪）	0.22	2.97	0.069 9	0.21	0.05
肉鸡（水冲粪）		27.85	0.533	1.6	0.44
蛋鸡（干清粪）	0.15	0.51	0.006	0.03	0.01
蛋鸡（水冲粪）		15.87	0.172	0.86	0.18
肉牛（干清粪）	8.91	70.72	0.552	15.51	0.89
肉牛（水冲粪）		867.81	1.195	33.58	6.43
奶牛（干清粪）	15.24	540.79	1.892	70.07	5.39
奶牛（水冲粪）		3 958.06	4.476	165.78	33.28

表 3-2 畜禽养殖专业户畜禽排污系数 单位：g/（头·d）

养殖种类/清粪方式	COD	NH_3-N	TN	TP
生猪（干清粪）	70.16	6.42	13.19	0.7
生猪（水冲粪）	278.79	10.57	21.7	2.76
肉鸡（干清粪）	24.05	0.233	0.7	0.3
肉鸡（水冲粪）	31.09	0.297	0.89	0.39
蛋鸡（干清粪）	1.55	0.01	0.05	0.03
蛋鸡（水冲粪）	17.64	0.068	0.34	0.28
肉牛（干清粪）	141.15	1.967	55.24	3.2
肉牛（水冲粪）	1 988.68	3.452	96.96	18.16
奶牛（干清粪）	734.6	2.553	94.57	7.3
奶牛（水冲粪）	5 376.58	5.463	202.35	36.28

城镇生活污水（未收集）污染物排放量是以市级上报的城镇常住人口数据（缺失数据参考 GIS 系统导出的全省各乡镇常住人口数据）为基础，根据《第一次全国污染源普查城镇生活污染排放系数手册》算出各项污染物的全部排放量，再乘以未集中收集处理的比例得出（表 3-3）。

表 3-3 城镇生活污水排污系数

市	污水排放量/[L/（人·d）]	COD/[g/（人·d）]	NH_3-N/[g/（人·d）]	TN/[g/（人·d）]	TP/[g/（人·d）]
安庆、巢湖（三区五类）	140	59	7.2	10	0.63
滁州、阜阳、宿州、六安、亳州、池州、宣城（三区四类）	150	64	7.4	10.3	0.72
蚌埠、淮南、淮北、铜陵、黄山（三区三类）	160	67	7.6	10.9	0.78
合肥、芜湖、马鞍山（三区二类）	170	74	8.3	11.8	0.84

农村生活污水污染物排放量是以市级上报的城镇常住人口数据（缺失数据的处理办法同城镇生活污水污染物排放量的测算）为基础，参考农村生活污水排放的有关研究成果及相关研究文献确定排污系数后计算得出（表 3-4）。

表 3-4 农村生活污水排污系数

市	污水排放量/［L/（人·d）］	COD/［g/（人·d）］	NH_3-N/［g/（人·d）］	TN/［g/（人·d）］	TP/［g/（人·d）］
安庆、阜阳、六安、亳州、宿州、池州、滁州、宣城	40	26.4	0.81	1.19	0.15
合肥、铜陵、芜湖、马鞍山、黄山、淮南、淮北、蚌埠	46	30.4	0.93	1.37	0.17

农田种植污染物排放量是以市级上报的土地种植面积（分为旱地、水田和园地，缺失的数据参考 GIS 系统导出的全省土地覆被类型面积统计）为基础，根据《第一次全国污染源普查农业污染源肥料流失系数手册》确定农田种植排污系数后计算得出（表 3-5）。

表 3-5 农田种植排污系数

单位：kg/亩

市	土地类型	COD	NH_3-N	TN	TP
安庆、黄山、池州、铜陵、宣城、芜湖、马鞍山、六安、合肥、滁州	旱地	0.546	0.104	0.787	0.024
	水田	2.268	0.386	1.182	0.067
	园地	0.756	0.064	0.605	0.059
阜阳、亳州、淮南、淮北、宿州、蚌埠	旱地	0.424	0.066	0.421	0.069
	水田	1.782	0.43	0.598	0.034
	园地	0.669	0.07	0.392	0.075

水产养殖污染物排放量的计算，以市级上报的水产养殖类型与面积为基础，养殖类型分为网箱养殖和池塘养殖，排污系数参考《第一次全国污染源普查水产养殖业污染源产排污系数手册》，并结合安徽省实际养殖状况，确定水产养殖排污系数（表 3-6），最后计算得出水产养殖污染物排放量。

表 3-6 水产养殖排污系数

水产养殖	产量/（kg/亩）	COD/（g/kg）	NH_3-N/（g/kg）	TN/（g/kg）	TP/（g/kg）
网箱	1 100	59	11.4	38	9
池塘	700	48	4.5	15	0.8

城镇径流面源污染物排放量是以市级上报的建成区面积为基础，参考《全国水环境容量核定技术指南》的源强系数，确定安徽省城镇径流面源排污系数后计算得出（表 3-7）。

表 3-7 城镇径流面源排污系数 单位：kg/（mm·km^2）

	COD	NH_3-N	TN	TP
城镇径流面源排污系数（α）	8.4	0.5	0.81	0.2

城镇径流面源污染物排放量（Q）的计算公式：

$$Q=\alpha\times F\times A$$

式中：α —— 城镇径流面源排污系数，kg/（mm·km^2）；

F —— 降雨量，mm/a；

A —— 建成区面积，km^2。

（3）污染物入河量计算

不同地区污染物入河系数见表 3-8。

表 3-8 不同地区污染物入河系数

污染源类型	入河系数	
	安庆、黄山、池州、铜陵、宣城、芜湖、马鞍山、六安、合肥、滁州	阜阳、亳州、淮南、淮北、宿州、蚌埠
工业	0.8	0.8
污水厂排放量	0.9	0.9
规模化畜禽 COD 排放	0.55	0.5
垃圾填埋排放	0.5	0.5
危废集中排放	0.8	0.8
城镇散排	0.6	0.6
农村生活	0.2	0.15
分散养殖	0.05～0.1	0.05～0.08
种植	0.05～0.1	0.05～0.08
水产	0.8	0.8
城镇面源	0.6	0.5

全省及各市各类污染物入河量见表 3-9，各市污染物入河量分析结果见图 3-4。全省 2017 年 COD 入河量共计 42.10 万 t，NH_3-N、TN 和 TP 入河量分别为 3.28 万 t、8.04 万 t 和 0.69 万 t。各类指标污染负荷占比最大的分别为城镇生活污水（NH_3-N 占 22.1%、TN 占 33.5%）、畜禽养殖（COD 占 20.2%）、污水厂（TN 占 22.2%）和规模畜禽（TP 占 27.7%）。

表 3-9 全省及各市各类污染物入河量统计

单位：t

市	指标	点源					面源						合计
		工业企业	污水厂	规模畜禽	垃圾填埋场	危废集中处理	城镇生活	农村生活	畜禽养殖	种植	水产养殖	城镇面源径流	
安庆市	COD	1 545	2 479	2 251	19.75	1.091	9 585	7 403	3 785	1 585	10 350	129.4	39 133
	NH_3-N	132.2	127.3	220.3	8.125	0.000 16	1 170	72.91	346.1	271.1	970.7	117	3 436
	TN	152.8	706.7	558.1	0.155	0	2 024	333.7	710.3	887.4	3 236	189.5	8 799
	TP	1.982	38.82	89.62	0.14	0	102.3	42.06	37.76	47.78	172.6	46.79	580
蚌埠市	COD	4.2	4 802.36	4 357	211.75	0	2 104.55	3 404.43	3 115.38	237.44	8.39	2 420.79	20 666
	NH_3-N	0.5	187.11	115.08	20.89	0	238.72	104.45	285.23	42.32	1.62	144.09	1 140
	TN	0.18	1 909.95	328.76	0	0	342.38	153.46	585.69	194.61	5.4	233.43	3 754
	TP	0.03	69.72	54.04	0	0	24.5	19.34	31.08	29.65	1.28	57.64	287
亳州市	COD	182.402	1 757.925	1 008.019	31.742	0	2 437.014	664.663	99.675	618.582	179.3	1 575.248	8 555
	NH_3-N	2.709	88.38	68.095	28.922	0	288.831	50.605	17.307	56.877	9.692	47.103	659
	TN	61.772	786.771	145.775	10.103	0	383.604	100.509	97.788	202.967	16.476	71.813	1 878
	TP	3.232	22.797	13.901	0.063	0	27.981	4.909	17.914	9.854	3.634	7.722	112
池州市	COD	29.05	1 021	1 360	3.866	2.01	4 269	979	946	370.4	1 085	1 129	11 194
	NH_3-N	2.33	118.2	124.8	0.576	0.476	435.4	100.3	49.78	63.09	58.62	63.5	1 017
	TN	7.643	463.6	181.3	0.666	1.428	597.6	137.1	71.11	240.1	106.6	98.78	1 906
	TP	0.232 5	25.46	24.9	0.109 8	0.020 1	43.54	10.28	8.986	12.15	19.31	7.762	153
滁州市	COD	105.6	1 581.2	4 253.9	50.4	0	4 115.5	6 693.7	24 119.4	974.3	0	11 969.9	53 864
	NH_3-N	7.6	88.7	194	5.7	0	475.9	205.4	883	168.7	0	712.5	2 742
	TN	2.7	534.5	405	5.3	0	662.3	301.7	1 813.1	684.3	0	1 154.2	5 563
	TP	0.1	15.4	62.5	0.1	0	46.3	38	229.1	32	0	285	709
阜阳市	COD	52.3	2 384.1	8 810.6	345.7	0	12 485.5	5 405.3	6 423.3	471.1	0	459.6	36 838
	NH_3-N	6.6	105.7	531.5	29.8	0	1 443.6	165.8	588.1	80.2	0	206.8	3 158
	TN	5.6	996.7	1 082.6	39.9	0	1 942.2	234.6	1 207.6	906.5	0	150.8	6 567
	TP	0	61.7	124.8	0.5	0	140.5	30.7	64.1	94.9	0	27.1	544

市	指标	点源					面源						合计
		工业企业	污水厂	规模畜禽	垃圾填埋场	危废集中处理	城镇生活	农村生活	畜禽养殖	种植	水产养殖	城镇面源径流	
合肥市	COD	95.76	13 260	4 541	343.4	0.765	14 510	3 633	2 049	1 248	265.6	7 878	47 825
	NH_3-N	8.548	1 245	819.2	22.9	0.076 01	2 043	964.1	107.8	120.4	2.526	393.9	5 727
	TN	10.24	4 682	908.4	39.19	0.154 4	2 246	1 161	137.2	740.9	23.93	555	10 504
	TP	1.147	159.9	136.6	0.619 1	0.000 640 5	184.5	96.18	18.95	56.65	4.768	73.86	733
淮北市	COD	454.77	1 698.2	373.89	0	0	5 551.47	1 686.06	795.74	127.37	0	469.16	11 157
	NH_3-N	30.29	142.65	7.04	0	0	568.14	49.33	62.5	13.61	0	27.92	901
	TN	22.09	955.9	29.92	0	0	814.86	72.49	128.35	86.11	0	45.24	2 155
	TP	0.82	23.47	3.3	0	0	58.3	9.13	6.83	14.19	0	11.17	127
淮南市	COD	2 000	2 120	4 595	0	0.061	9 980	1 916	10 240	455.9	0	467.1	31 774
	NH_3-N	106.8	170.4	225.1	0	0.000 13	1 131	58.77	125.5	104.8	0	27.8	1 950
	TN	590.2	1 253	495.4	0	0	1 626	86.52	391.8	183.7	0	45.05	4 672
	TP	7.308	42.8	61.4	0	0	119	11.15	114.6	16.02	0	11.16	383
黄山市	COD	24.73	2 257	965.3	11.19	0	1 442	2 015	6 595	115.6	0	1 119	14 545
	NH_3-N	2.368	185.2	61.43	0.588	0	163.6	62.16	241.4	16.73	0	66.59	800
	TN	1.267	452.4	132.9	4.485	0	234.6	91.33	495.7	74.73	0	107.9	1 595
	TP	0	29.22	20.19	0.08	0	16.79	12.09	62.65	5.206	0	26.64	173
六安市	COD	357.9	1 104	5 309	4.775	127.2	3 488	7 316	6 721	1 377	11 440	2 220	39 465
	NH_3-N	37.76	114.1	230.5	0.658	26.4	403.3	224.5	615.4	232.3	1 073	132.1	3 090
	TN	61.04	394.5	445	4.579	0	561.3	329.8	1264	779.7	3 575	214	7 629
	TP	2.248	16.59	59.56	0.049	0	39.24	41.57	67.06	43.32	190.7	52.85	513
马鞍山市	COD	738.729	5 289.902 2	246.766 1	16.447 8	636.32	3 381.703 1	2 372.853 3	2 544.568 3	409.431 8	0	1 383.607	17 020
	NH_3-N	20.164 7	809.189 6	605.911 6	1.769 4	14.69	379.299 1	72.803 5	93.151 2	69.421 8	0	82.357 6	2 149
	TN	19.175 1	2 570.266 3	9 228.792 9	1.782	0	539.244 5	106.958 2	191.275 6	234.228 8	0	133.419 2	13 025
	TP	0.277 9	130.285 1	1 164.729 7	0.080 3	3.3	38.386 9	13.482 1	24.173	12.768 5	0	32.943	1 420

市	指标	点源					面源						合计
		工业企业	污水厂	规模畜禽	垃圾填埋场	危废集中处理	城镇生活	农村生活	畜禽养殖	种植	水产养殖	城镇面源径流	
铜陵市	COD	95.59	816.76	927.07	35.16	0	5 726.11	1 666.96	2 808.32	222.31	0.76	1 007.59	13 307
	NH_3-N	7.55	48.65	65.4	7.34	0	649.53	51.15	102.81	38.14	0.15	59.98	1 031
	TN	10.67	345.3	123.3	5.42	0	922.18	75.14	211.1	132.24	0.49	97.16	1 923
	TP	5.66	16.98	10.94	0.13	0	66.66	9.47	26.68	6.85	0.12	23.99	167
芜湖市	COD	67.752	2 998.736	780.036	47.155	0.11	7 584.746	423.792	1 161.982	2 703.107	2 692.706	4 412.84	22 873
	NH_3-N	7.244	286.377	51.563	3.98	0.017	850.721	38.801	198.309	253.416	160.28	135.394	1 986
	TN	0.541	1 339.644	51.563	3.98	0	1 205.738	75.724	625.8	844.721	258.947	197.414	4 604
	TP	0.02	134.483	51.563	0.065	0	84.843	4.196	34.026	45.052	62.111	25.073	441
宿州市	COD	1 581	294.2	6 032	378	0	3 514	7 353	5 376	244.7	680.5	1 340	26 793
	NH_3-N	14.11	34.28	197	28.32	0	410.9	231.4	505.5	38.47	63.79	79.78	1 604
	TN	21.87	134.9	363	13.08	0	572.4	338.5	1 025	230.8	212.7	129.2	3 041
	TP	1.54	5.19	2.37	1.27	0	39.75	42.32	54.38	37.49	11.32	31.93	228
宣城市	COD	5 392	2 345	1 284	19.15	91.92	2 886	3 538	8 414	599.5	0	1 382	25 952
	NH_3-N	140.6	227.1	101.9	3.039	11.33	354	106.1	307.7	96.71	0	82.26	1 431
	TN	480.2	355.7	211.1	0.228 8	0	464.5	159.5	632.5	346.1	0	133.3	2 783
	TP	89.75	18.19	33.58	0.059 5	0	32.47	20.1	79.93	20.04	0	32.9	327
全省合计	COD	12 727	46 209	47 095	1 518	859	93 061	56 471	85 194	11 760	26 702	39 363	420 960
	NH_3-N	527	3 978	3 619	163	53	11 006	2 559	4 530	1 666	2 340	2 379	32 820
	TN	1 448	17 882	14 691	129	2	15 139	3 758	9 588	6 769	7 436	3 556	80 397
	TP	114	811	1 914	3	3	1 065	405	878	484	466	755	6 897

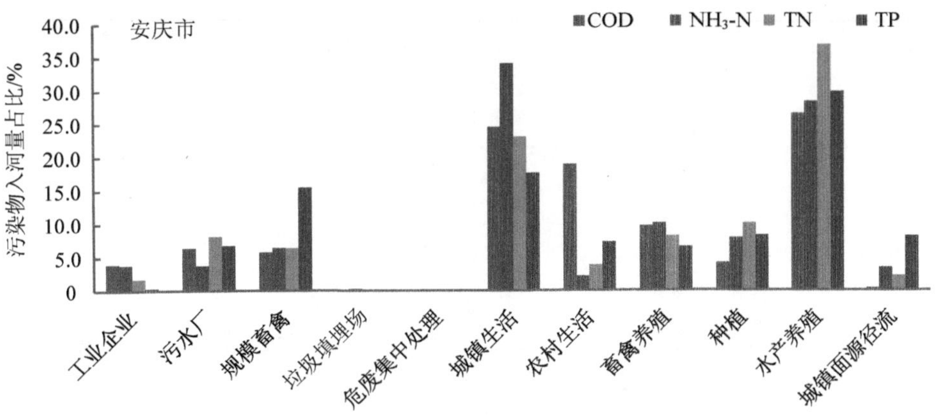
安庆市
COD
NH3-N
TN
TP
污染物入河量占比/%
40.0
35.0
30.0
25.0
20.0
15.0
10.0
5.0
0
工业企业
污水厂
规模畜禽
垃圾填埋场
危废集中处理
城镇生活
农村生活
畜禽养殖
种植
水产养殖
城镇面源径流

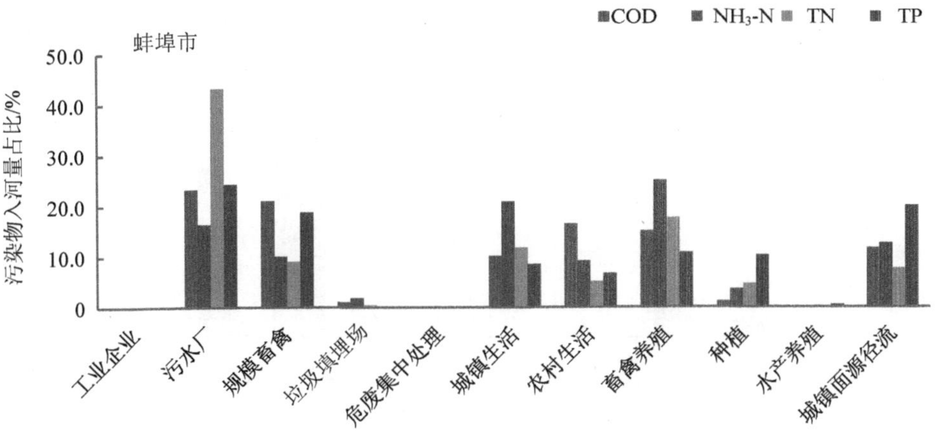
蚌埠市
COD
NH3-N
TN
TP
污染物入河量占比/%
50.0
40.0
30.0
20.0
10.0
0
工业企业
污水厂
规模畜禽
垃圾填埋场
危废集中处理
城镇生活
农村生活
畜禽养殖
种植
水产养殖
城镇面源径流

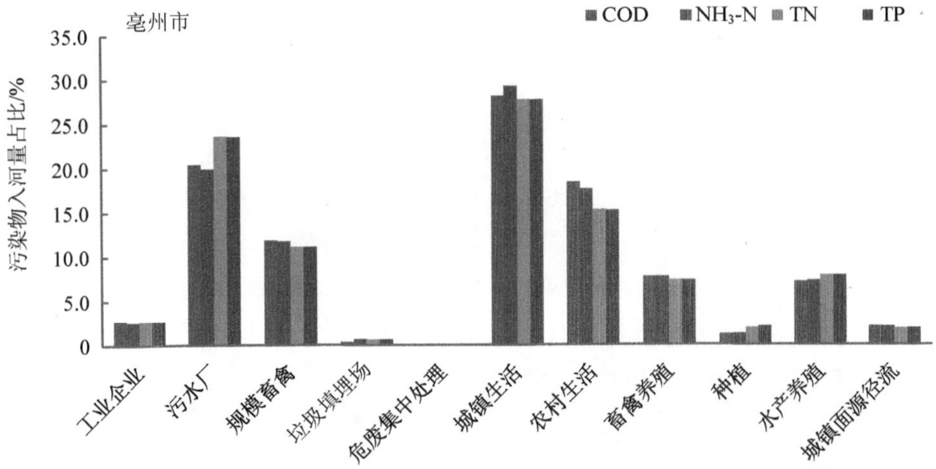
亳州市
COD
NH3-N
TN
TP
污染物入河量占比/%
35.0
30.0
25.0
20.0
15.0
10.0
5.0
0
工业企业
污水厂
规模畜禽
垃圾填埋场
危废集中处理
城镇生活
农村生活
畜禽养殖
种植
水产养殖
城镇面源径流

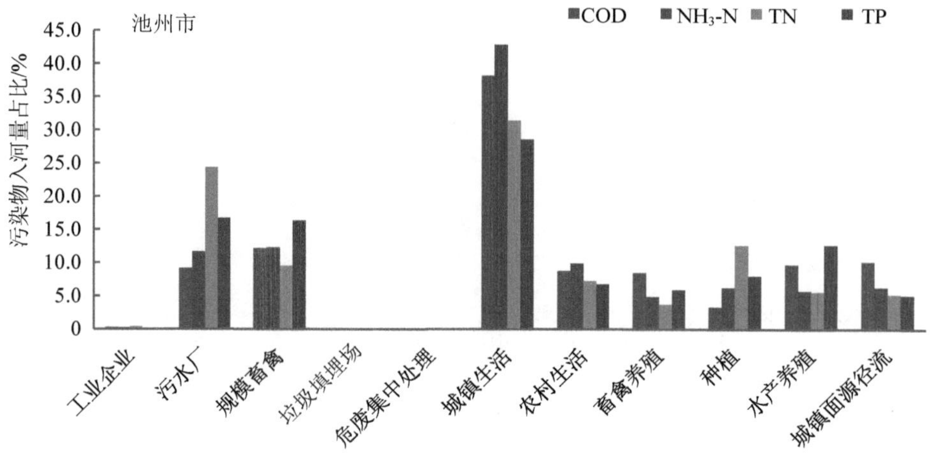
池州市
COD
NH3-N
TN
TP
污染物入河量占比/%
45.0
40.0
35.0
30.0
25.0
20.0
15.0
10.0
5.0
0
工业企业
污水厂
规模畜禽
垃圾填埋场
危废集中处理
城镇生活
农村生活
畜禽养殖
种植
水产养殖
城镇面源径流

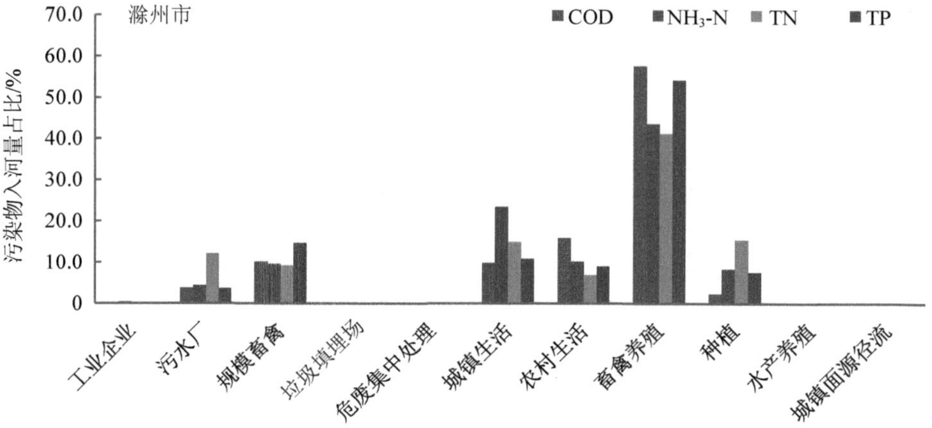
滁州市
COD
NH3-N
TN
TP
污染物入河量占比/%
70.0
60.0
50.0
40.0
30.0
20.0
10.0
0
工业企业
污水厂
规模畜禽
垃圾填埋场
危废集中处理
城镇生活
农村生活
畜禽养殖
种植
水产养殖
城镇面源径流

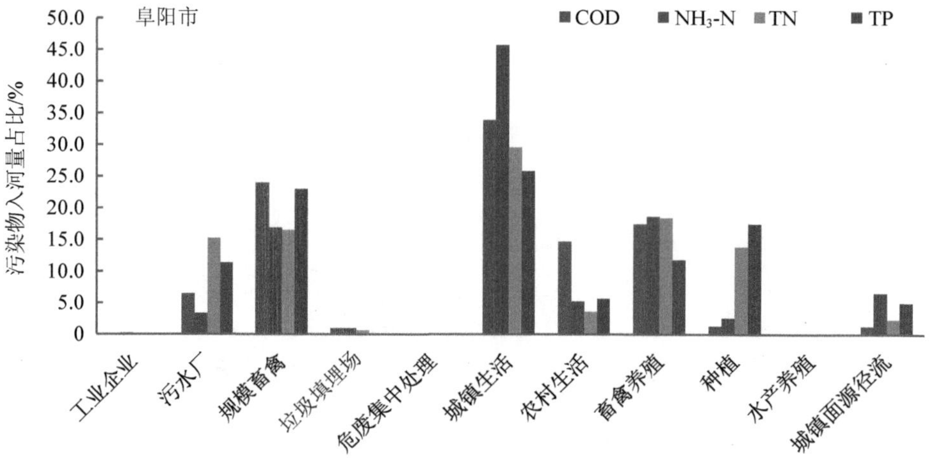
阜阳市
COD
NH3-N
TN
TP
污染物入河量占比/%
50.0
45.0
40.0
35.0
30.0
25.0
20.0
15.0
10.0
5.0
0
工业企业
污水厂
规模畜禽
垃圾填埋场
危废集中处理
城镇生活
农村生活
畜禽养殖
种植
水产养殖
城镇面源径流

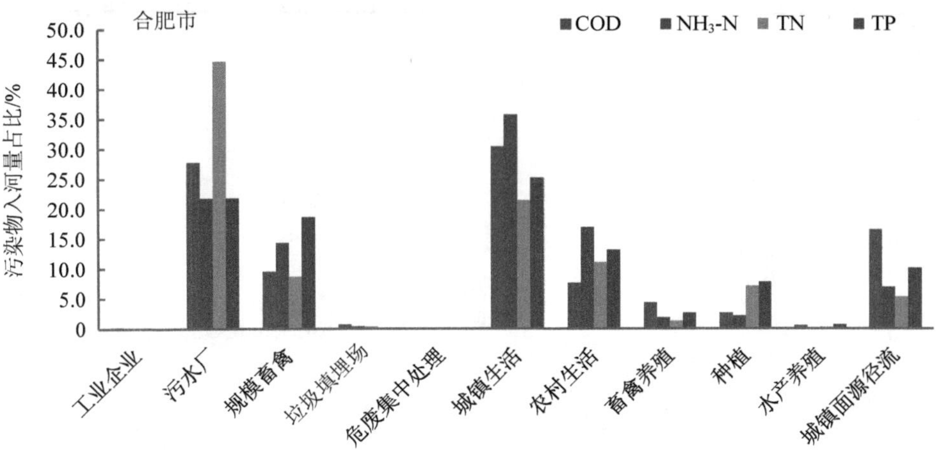
合肥市
COD
NH3-N
TN
TP
污染物入河量占比/%
50.0
45.0
40.0
35.0
30.0
25.0
20.0
15.0
10.0
5.0
0
工业企业
污水厂
规模畜禽
垃圾填埋场
危废集中处理
城镇生活
农村生活
畜禽养殖
种植
水产养殖
城镇面源径流

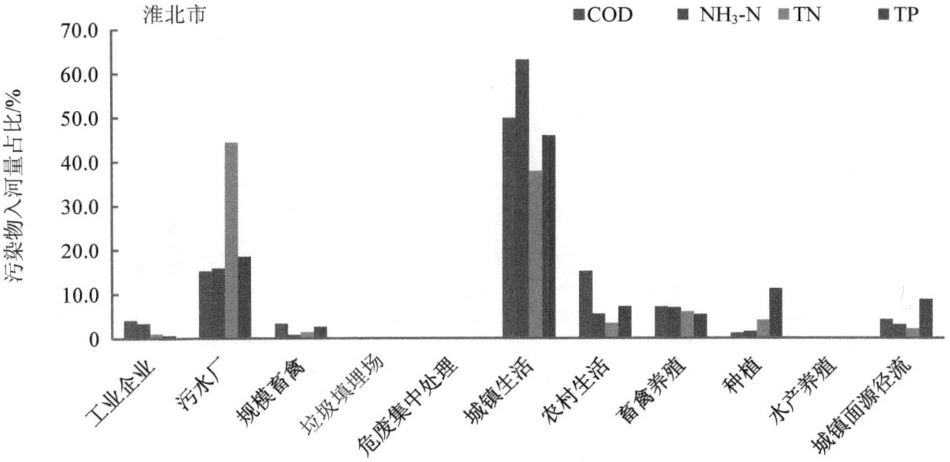
淮北市
COD
NH3-N
TN
TP
污染物入河量占比/%
70.0
60.0
50.0
40.0
30.0
20.0
10.0
0
工业企业
污水厂
规模畜禽
垃圾填埋场
危废集中处理
城镇生活
农村生活
畜禽养殖
种植
水产养殖
城镇面源径流

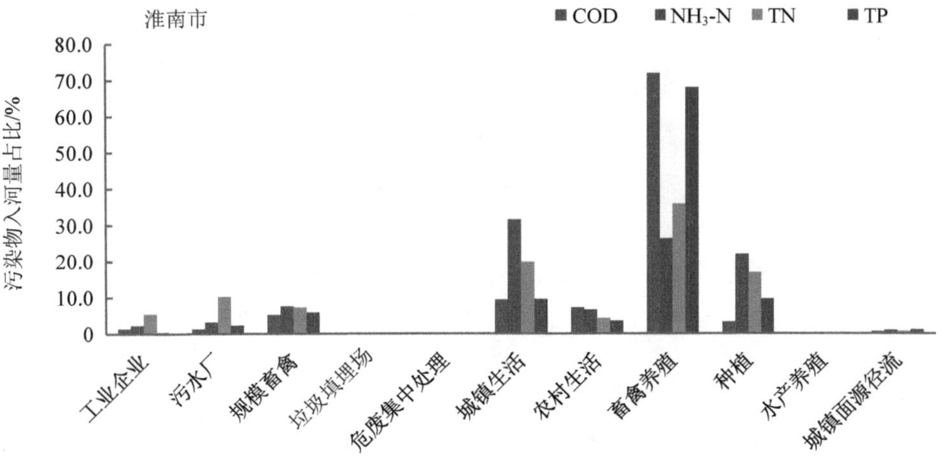
淮南市
COD
NH3-N
TN
TP
污染物入河量占比/%
80.0
70.0
60.0
50.0
40.0
30.0
20.0
10.0
0
工业企业
污水厂
规模畜禽
垃圾填埋场
危废集中处理
城镇生活
农村生活
畜禽养殖
种植
水产养殖
城镇面源径流

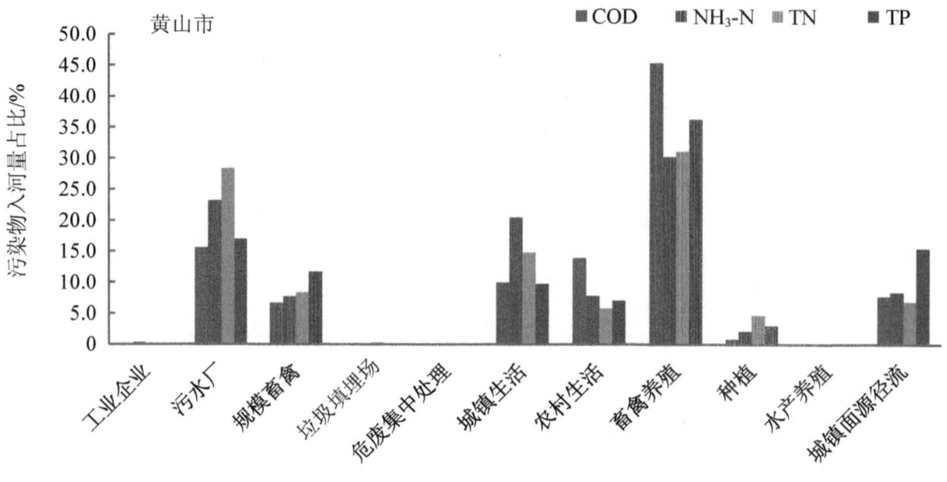
黄山市
COD
NH_3-N
TN
TP
污染物入河量占比/%
50.0
45.0
40.0
35.0
30.0
25.0
20.0
15.0
10.0
5.0
0
工业企业
污水厂
规模畜禽
垃圾填埋场
危废集中处理
城镇生活
农村生活
畜禽养殖
种植
水产养殖
城镇面源径流

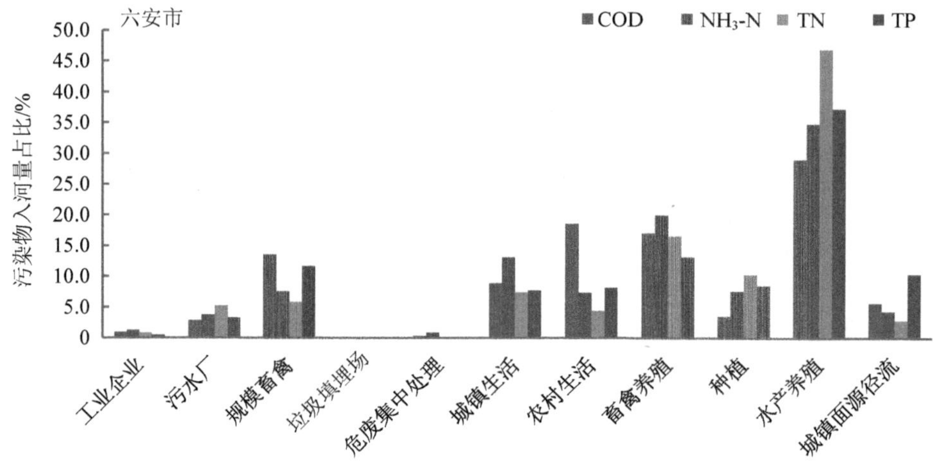
六安市
COD
NH_3-N
TN
TP
污染物入河量占比/%
50.0
45.0
40.0
35.0
30.0
25.0
20.0
15.0
10.0
5.0
0
工业企业
污水厂
规模畜禽
垃圾填埋场
危废集中处理
城镇生活
农村生活
畜禽养殖
种植
水产养殖
城镇面源径流

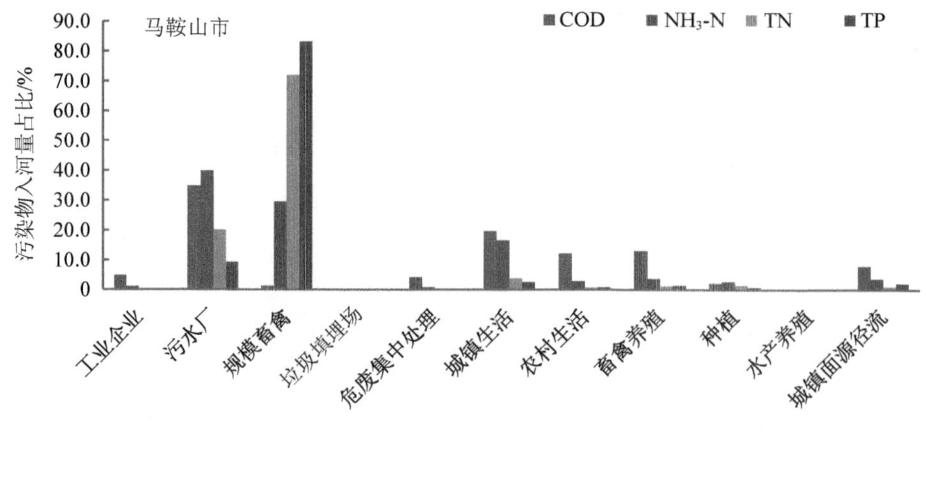
马鞍山市
COD
NH_3-N
TN
TP
污染物入河量占比/%
90.0
80.0
70.0
60.0
50.0
40.0
30.0
20.0
10.0
0
工业企业
污水厂
规模畜禽
垃圾填埋场
危废集中处理
城镇生活
农村生活
畜禽养殖
种植
水产养殖
城镇面源径流

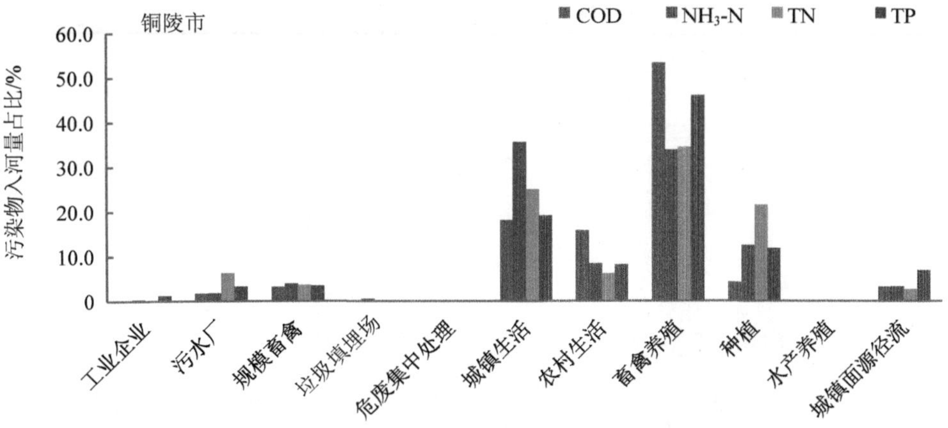
铜陵市
COD
NH₃-N
TN
TP
污染物入河量占比/%
60.0
50.0
40.0
30.0
20.0
10.0
0
工业企业
污水厂
规模畜禽
垃圾填埋场
危废集中处理
城镇生活
农村生活
畜禽养殖
种植
水产养殖
城镇面源径流

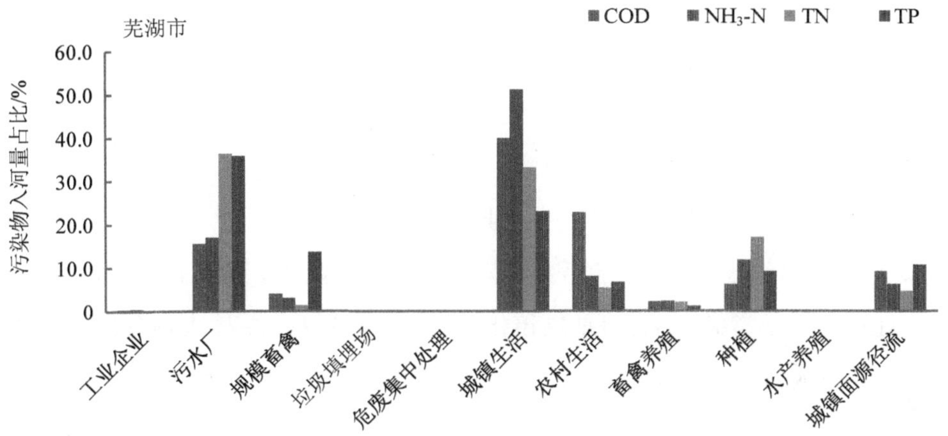
芜湖市
COD
NH₃-N
TN
TP
污染物入河量占比/%
60.0
50.0
40.0
30.0
20.0
10.0
0
工业企业
污水厂
规模畜禽
垃圾填埋场
危废集中处理
城镇生活
农村生活
畜禽养殖
种植
水产养殖
城镇面源径流

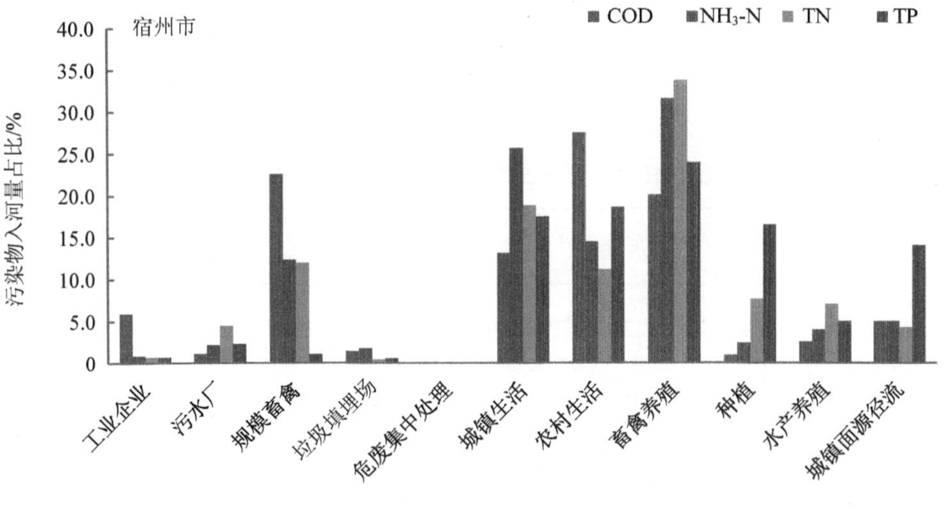
宿州市
COD
NH₃-N
TN
TP
污染物入河量占比/%
40.0
35.0
30.0
25.0
20.0
15.0
10.0
5.0
0
工业企业
污水厂
规模畜禽
垃圾填埋场
危废集中处理
城镇生活
农村生活
畜禽养殖
种植
水产养殖
城镇面源径流

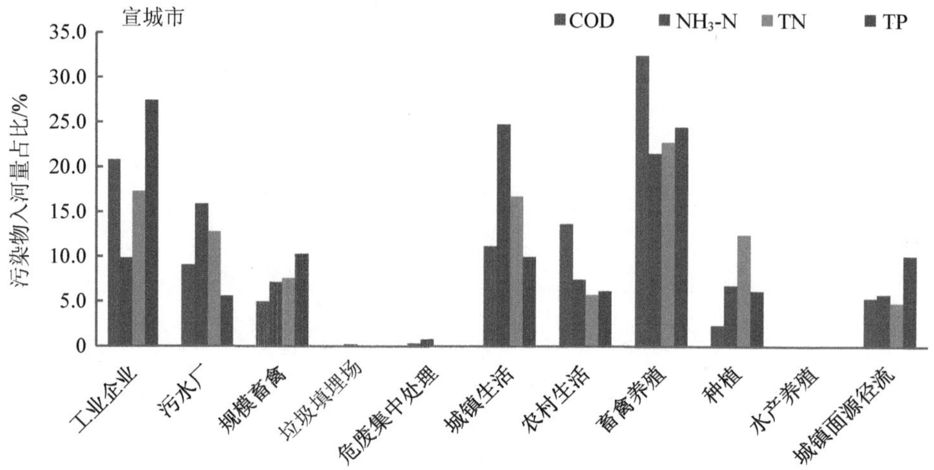

图 3-4 各市污染物入河量分析结果

3.1.3 污染源预测分析

根据《水污染防治行动计划》对工业企业排污、工业聚集区污水处理、城镇生活污水及农村污染（含畜禽污染、农村生活污水污染及农业面源污染）的管控要求，在预测新增污染源时上述指标不予考虑。结合目前城镇化带来的人口迁移效应，本预测仅考虑城市（市区、县城和城镇）人口增长带来的城镇生活污水新增量。新增污水均按得到集中处理来考虑，入河系数选取集中式污水处理厂入河系数。

2020 年全省 COD 新增排放量 18 260 t、新增入河量 15 530 t，NH_3-N 新增排放量 1 530 t、新增入河量 1 265 t，TN 新增排放量 5 701 t、新增入河量 4 885 t，TP 新增排放量 181 t、新增入河量 154 t（表 3-10）。

表 3-10 新增排放量及新增入河量计算结果

单位：t

市	指标	2020 年	
		新增排放量	新增入河量
安庆市	COD	4 747.8	2 848.7
	NH_3-N	474.8	284.9
	TN	1 424.3	854.6
	TP	47.5	28.5
蚌埠市	COD	161.1	96.65
	NH_3-N	16.09	9.66
	TN	48.31	29
	TP	1.63	0.96

市	指标	2020 年	
		新增排放量	新增入河量
亳州市	COD	145.7	131.1
	NH_3-N	14.57	13.11
	TN	43.71	39.34
	TP	1.457	1.312
池州市	COD	1 131	1 017
	NH_3-N	112.9	101.7
	TN	339.3	305.2
	TP	11.3	10.1
滁州市	COD	285.6	257
	NH_3-N	28.56	25.7
	TN	84.46	76.01
	TP	2.856	2.57
阜阳市	COD	681.7	613.7
	NH_3-N	68.39	61.36
	TN	199.9	179.8
	TP	6.71	6.14
合肥市	COD	9 294	9 004
	NH_3-N	644.9	621.4
	TN	3 073	2 980
	TP	92.95	90.06
淮北市	COD	157.2	141.5
	NH_3-N	16.09	14.49
	TN	48.96	44.07
	TP	1.633	1.469
淮南市	COD	477.7	386.9
	NH_3-N	47.75	38.7
	TN	143.3	116.1
	TP	4.76	3.88
黄山市	COD	61.31	55.18
	NH_3-N	6.131	5.518
	TN	18.39	16.55
	TP	0.613 1	0.551 8
六安市	COD	302	271.8
	NH_3-N	30.19	27.17
	TN	90.59	81.53
	TP	3.021	2.719
马鞍山市	COD	230.1	207.1
	NH_3-N	23.01	20.71
	TN	69.02	62.12
	TP	2.301	2.071

市	指标	2020 年	
		新增排放量	新增入河量
铜陵市	COD	241.4	217.2
	NH_3-N	24.14	21.72
	TN	72.41	65.17
	TP	2.414	2.172
芜湖市	COD	197.9	178.1
	NH_3-N	8.62	7.753
	TN	2.866	2.579
	TP	0.13	0.12
宿州市	COD	69.84	41.89
	NH_3-N	6.99	4.21
	TN	20.98	12.59
	TP	0.7	0.39
宣城市	COD	74.1	66.69
	NH_3-N	7.24	6.516
	TN	22.23	20.01
	TP	0.741	0.666 9
全省合计	COD	18 260	15 530
	NH_3-N	1 530	1 265
	TN	5 701	4 885
	TP	181	154

3.1.4 污染物减排潜力分析

根据污染源统计分析结果，市区主要污染来源有城镇生活污水直排、城市径流、污水厂尾水等，农村区域主要污染来源有规模化畜禽养殖、农村生活污水和种植业等。综合考虑水环境目标要求、各污染源治理模式和效率以及地方治污相关规划，近期减排潜力主要考虑：

1）继续大力完善城区雨污分流管网建设。对错接、混接、漏接的污水管网进行改造，减少河道旱流污水排放，进一步提高污水收集处理率。到 2020 年，确保城市污水集中处理率真正达到 95%以上。

2）加强污水处理厂运行监管。巢湖流域污水处理厂出水严格执行地方排放标准；其他流域污水处理厂提高运行管理水平，鼓励在达标排放的基础上进一步提高出水水质，减少污染物排放量。

3）加快乡镇污水处理厂建设。污水处理厂尚未建成投运或尚未建设的乡镇，要加快污水厂建设进度，争取早日投入运行，大力减少城镇生活污水直排量。按照合肥市相关规划，2020 年前实现乡镇集中式污水处理厂建设全覆盖。

4）强化对城市径流面源污染控制。根据安徽省住房城乡建设厅印发的《关于开展海绵城市建设的指导意见》（建城〔2015〕185 号），到 2020 年，所有城市及 60%以上的县城区基本达到海绵城市建设标准要求，城市建成区年径流控制率达 80%，强化对城市径流雨水的排放控制与管理，从源头削减径流污染，提高雨水资源利用。

5）进一步提高规模化畜禽养殖废弃物资源化利用效率。根据《安徽省畜禽养殖废弃物资源化利用工作方案》（皖政办〔2017〕83 号），到 2020 年，实现畜禽养殖废弃物资源化利用成为畜禽养殖环节中常态化的生产方式，巩固治污模式成果，构建种养循环发展长效机制；全省畜禽粪污综合利用率达到 80%以上，畜禽规模养殖场（小区）粪污处理设施装备配套率达到 95%以上，大型畜禽规模养殖场（小区）粪污处理设施装备配套率达到 100%；畜牧大县、国家现代农业示范区、农业可持续发展试验示范区和现代农业产业园以及省部级畜禽规模标准化示范企业率先实现上述目标。

预测全省 2020 年污染物减排潜力为：COD 62 051 t、NH_3-N 5 671 t、TN 13 115 t、TP 1 080 t（表 3-11）。

表 3-11　安徽省各市目标年污染物减排潜力

市	指标	2020 年	
		减排量/（t/a）	较 2017 年减排比例/%
安庆市	COD	3 182	2.47
	NH_3-N	246	2.32
	TN	418	1.53
	TP	48	2.76
蚌埠市	COD	1 162	1.33
	NH_3-N	55	0.92
	TN	103	0.71
	TP	23	1.87
亳州市	COD	1 732	6.90
	NH_3-N	29	1.35
	TN	63	0.97
	TP	6	1.19
池州市	COD	4 891	15.25
	NH_3-N	510	17.60
	TN	862	14.49
	TP	59	13.21

市	指标	2020 年	
		减排量/（t/a）	较 2017 年减排比例/%
滁州市	COD	3 478	1.08
	NH_3-N	275	1.96
	TN	403	1.31
	TP	62	1.78
阜阳市	COD	14 491	8.78
	NH_3-N	1 383	10.22
	TN	2 213	6.34
	TP	204	7.29
合肥市	COD	9 430	8.38
	NH_3-N	1 047	7.43
	TN	4 204	16.03
	TP	165	7.85
淮北市	COD	1 010	2.79
	NH_3-N	29	1.16
	TN	121	2.10
	TP	10	2.10
淮南市	COD	8 060	4.53
	NH_3-N	719	12.02
	TN	1 159	8.47
	TP	101	4.79
黄山市	COD	880	1.03
	NH_3-N	76	2.11
	TN	120	1.60
	TP	15	1.70
六安市	COD	1 164	0.76
	NH_3-N	72	0.58
	TN	118	0.40
	TP	20	1.09
马鞍山市	COD	1 055	1.84
	NH_3-N	208	4.33
	TN	1 820	7.12
	TP	227	8.04
铜陵市	COD	4 880	9.27
	NH_3-N	381	12.51
	TN	566	9.22
	TP	50	8.62
芜湖市	COD	3 746	5.42
	NH_3-N	371	5.31
	TN	553	2.86
	TP	51	3.88

市	指标	2020 年	
		减排量/（t/a）	较 2017 年减排比例/%
宿州市	COD	1 419	0.99
	NH_3-N	121	1.24
	TN	177	0.87
	TP	18	1.13
宣城市	COD	1 470	1.16
	NH_3-N	149	2.51
	TN	215	1.66
	TP	21	1.50
全省合计	COD	62 051	3.50
	NH_3-N	5 671	4.79
	TN	13 115	4.57
	TP	1 080	4.27

3.1.5　环境容量与允许排放量计算

依据《水域纳污能力计算规程》（GB/T 25173—2010）和安徽省《水功能区划分技术规范》（DB 34/T 732—2007）等规定，水质目标采用《安徽省水污染防治工作方案》中设定的水质目标值，参考省政府批准的《安徽省水功能区划》和《安徽省长江干流水功能区划调整方案》确定的水质管理目标（与全国重要江河湖泊水功能区中水质目标相同）进行核算。

3.1.5.1　计算方法

对于中、小河流，污染物在较短河段内能在河流横断面均匀混合，采用河流一维模型计算水域纳污能力。长江干流分左右岸，根据具体情况划定一定的河宽，采用一维水质模型计算纳污能力。

对于小型湖（库），污染物充分混合，采用均匀混合衰减模型；对于水域宽阔的大、中型湖（库），采用非均匀混合模型计算纳污能力。

3.1.5.2　参数确定

（1）设计流量的确定

河流采用 90%保证率最枯月平均流量（水量）作为设计流量（水量）。集中式饮用水水源地采用 95%保证率最枯月平均流量（水量）作为设计流量（水量）。

1）有长系列水文资料设计流量的采用经验频率公式计算：

$$P(\%)=\frac{m}{n+1}\times 100$$

式中：n——水文序列长度；

m——水文序列的排列序号，$m \leqslant n$。

频率曲线的线型一般采用皮尔III型。

2）无实测资料设计流量的计算主要采用下列方法：

a. 内插法；

b. 水文比拟法；

c. 参证流域月降雨径流相关法；

d. 等值线图法；

e. 经验公式法或流域水文模型法。

3）对于上游有控制站而本功能段缺乏相应资料的情况，根据多年各分支河段的分流比对上游控制站流量进行分配，流速同样采用上游控制站流量—流速关系进行推求。

4）对于感潮河段考虑纳污计算参数选择较为困难，因此，仅选择正流量进行分析；由于负流量出现概率较低，出现负流量河段同样只采用正流量进行分析。

5）长江干流各代表断面均采用大通水文站资料分析结果，资料系列长度为 1950—1991 年。分别算出各代表断面距湿岸 80 m 范围内流量。

（2）断面设计流速的确定

在实测资料比较丰富的河流，绘制水位—流量关系曲线、水位—面积关系曲线，根据设计流量推求设计水位 Q 和相应的断面面积 A，用下式计算断面平均流速μ：

$$\mu = Q/A$$

无资料时，采用实测或下式计算断面平均流速：

$$\mu = \alpha Q^{\beta}$$

式中：α——随河床大小而变的系数；

β——综合指数，取 0.4 左右。

（3）湖（库）设计水量的确定

湖（库）的设计水量采用 90%保证率最枯月平均水位相应的蓄水量。根据湖（库）水位资料，求出设计枯水位，其所对应的湖（库）蓄水量即为湖（库）设计水量。

（4）湖（库）平均水深的确定

根据湖（库）水位—面积—库容关系曲线，由蓄水量查得相应的湖（库）水面面积，继而计算出湖（库）平均水深。

（5）初始浓度值 C_0 的确定

根据上一个水功能区的水质目标值来确定 C_0，即上一个水功能区的水质目标值就是下一个功能区的初始浓度值 C_0。计算区间是源头时，C_0 取水质本底值。

（6）水质目标值 C_s 的确定

各水环境管控单元的水质目标值的确定是纳污能力计算的基本依据，其取值的大小直接影响纳污能力的大小。确定水质目标值时，以水功能区类别为参考，结合《安徽省水污染防治工作方案》，综合考虑与其相邻的上游、下游功能区的相互关系，确保满足其主导功能的水质要求。

（7）综合衰减系数的确定

为简化计算，在水质模型中，将污染物在水环境中的物理降解、化学降解和生物降解概化为综合衰减系数，本纳污能力计算中采用的综合衰减系数是通过水质分析试验确定的。

根据安徽省的环境容量总量，参考管控单元区域面积、水质目标、水文地理条件、经济社会发展状况、水质现状、污染程度等因素，将安徽省环境总容量细分到每个管控单元。全省环境容量校核后 COD 容量为 73.23 万 t，NH_3-N 容量为 5.51 万 t；允许排放入河量：COD 为 42.8 万 t，NH_3-N 为 3.08 万 t。总体来说，安徽省水环境总容量大于水污染物总入河量，局部区域的水环境污染物入河量超出环境容量。

基于污染物排放现状，以及在水环境容量约束下，2020 年全省 COD 允许排放量为 186.1 万 t，NH_3-N 为 11.1 万 t。各市水环境容量、现状排放入河量和允许排放量见表 3-12。

表 3-12　各市水环境容量及污染物排放入河量　　单位：t

市	指标	2017 年现状排放入河量	2020 年		
			环境容量	允许入河量	允许排放量
安庆市	COD	39 133	79 795	43 594	133 416
	NH_3-N	3 435	6 641	3 874	11 093

市	指标	2017 年现状排放入河量	2020 年		
			环境容量	允许入河量	允许排放量
蚌埠市	COD	20 666	27 796	20 811	87 606
	NH_3-N	1 140	1 688	1 155	5 975
亳州市	COD	8 555	8 900	8 686	74 838
	NH_3-N	659	743	672	5 022
池州市	COD	11 422	36 086	13 075	33 652
	NH_3-N	1 040	2 969	1 205	3 130
滁州市	COD	53 864	56 753	48 532	343 323
	NH_3-N	2 741	2 909	2 484	15 043
阜阳市	COD	36 837	38 986	35 446	175 966
	NH_3-N	3 158	3 294	3 017	13 451
合肥市	COD	47 828	67 217	47 417	103 257
	NH_3-N	5 754	4 939	4 800	9 249
淮北市	COD	11 157	7 910	10 378	33 525
	NH_3-N	901	995	858	2 341
淮南市	COD	31 777	33 823	32 206	178 590
	NH_3-N	1 951	2 240	1 994	6 033
黄山市	COD	14 544	26 179	14 544	85 880
	NH_3-N	800	1 440	800	3 604
六安市	COD	39 465	44 294	39 737	153 173
	NH_3-N	3 090	3 486	3 117	12 490
马鞍山市	COD	17 020	85 102	17 020	57 265
	NH_3-N	2 149	10 744	2 149	4 803
铜陵市	COD	13 307	19 960	13 401	52 889
	NH_3-N	1 031	1 546	1 040	3 069
芜湖市	COD	22 873	143 529	23 051	63 896
	NH_3-N	1 986	9 994	1 994	5 546
宿州市	COD	26 792	24 853	26 855	143 652
	NH_3-N	1 604	1 494	1 610	9 760
宣城市	COD	25 951	31 141	25 951	126 816
	NH_3-N	1 431	1 717	1 431	5 940
全省合计	COD	421 194	732 324	428 055	1 860 606
	NH_3-N	31 439	55 122	30 825	110 801

3.1.6 水环境质量目标

以《安徽省水污染防治工作方案》明确的 106 个国考断面为基数，到 2020 年，地表水水质优良（达到或优于III类）断面比例达到 74.5%，各断面水质目标见表 3-13。

表 3-13　断面水质目标一览

所在地市	区（市、县）	所在水体名称	断面名称		2020 年水质目标
合肥市	巢湖市	兆河	庐江缺口		Ⅲ
	巢湖市	兆河	入湖口渡口		Ⅲ
	肥西县	杭埠河	三河镇新大桥		Ⅲ
	巢湖市	巢湖	东半湖	巢湖船厂	Ⅳ
	巢湖市			东半湖湖心	
	巢湖市			黄麓	
	巢湖市			兆河入湖区	
	巢湖市			忠庙	
	肥西县	丰乐河	三河镇大桥		Ⅲ
	庐江县	白石天河	石堆渡口		Ⅲ
	庐江县	杭埠河	北闸渡口		Ⅲ
	巢湖市	裕溪河	三胜大队渡口		Ⅲ
	巢湖市	双桥河	双桥河入湖口		Ⅲ
	庐江县	柘皋河	柘皋大桥		Ⅲ
	肥西县	巢湖	西半湖	湖滨	Ⅴ
	肥西县			西半湖湖心	
	肥西县			新河入湖区	
	肥西县	派河	肥西化肥厂下		Ⅴ
	包河区	南淝河	施口		NH_3-N≤4 mg/L，其他指标为Ⅴ类
	包河区	十五里河	希望桥		Ⅴ
	蜀山区	董铺水库	靠近大坝		Ⅲ
马鞍山市	当涂县	青山河	当涂查湾		Ⅱ
	当涂县	姑溪河	姑溪河大桥		Ⅲ
	雨山区	采石河	采石河下游		Ⅲ
	和县	得胜河	得胜河入江口		Ⅲ
	花山区	长江	三兴村		Ⅱ
芜湖市	繁昌县	黄浒河	荻港		Ⅲ
	弋江区	漳河	鲁港桥		Ⅱ
	镜湖区	青弋江	宝塔根		Ⅲ
	鸠江区	裕溪河	裕溪口		Ⅲ
	鸠江区	长江	东西梁山		Ⅲ
宣城市	宁国市	水阳江	汪溪		Ⅲ
	泾县	青弋江	泾南交界		Ⅱ
	广德县	无量溪河	狮子口		Ⅴ
宣城市	宣州区	南漪湖	南漪湖	东湖湖心	Ⅲ
				西湖湖心	
	宣州区	水阳江	管家渡		Ⅲ
	郎溪县	梅渫河	殷桥		Ⅴ

所在地市	区（市、县）	所在水体名称	断面名称	2020 年水质目标
铜陵市	义安区	顺安河	顺安河入江口	Ⅲ
	义安区	长江	陈家墩	Ⅱ
	枞阳县	长河	枞阳大闸	Ⅲ
	枞阳县	菜子湖	菜子湖	Ⅲ
安庆市	宿松县	龙感湖	龙感湖	Ⅲ
	望江县	华阳河	华阳河入江口	Ⅱ
	望江县	武昌湖	武昌湖	Ⅲ
	大观区	皖河	皖河大桥	Ⅱ
	太湖县	花亭湖	花亭湖坝前	Ⅱ
	大观区	长江	皖河口	Ⅱ
	迎江区	长江	前江口	Ⅱ
	潜山县	皖水	车轴寺大桥	Ⅱ
	潜山县	潜水	水厂取水口	Ⅱ
	宿松县	大官湖	大官湖	Ⅲ
	宿松县	黄湖	黄湖	Ⅲ
池州市	东至县	尧渡河	东流	Ⅱ
	贵池区	秋浦河	双丰	Ⅱ
	东至县	黄湓河	张溪	Ⅱ
	贵池区	秋浦河	入江口	Ⅱ
	贵池区	青通河	河口	Ⅱ
	贵池区	长江	五步沟	Ⅱ
	东至县	升金湖	中心点	Ⅲ
淮北市	濉溪县	澥河	李大桥闸	Ⅳ
	濉溪县	沱河	后常桥	Ⅳ
亳州市	利辛县	西淝河	利辛段	Ⅲ
	蒙城县	涡河	岳坊大桥	Ⅴ
	涡阳县	涡河	涡阳义门大桥	Ⅴ
宿州市	泗县	新汴河	团结闸（泗县公路桥）	Ⅳ
	泗县	新濉河	大屈（泗县八里桥）	Ⅳ
	埇桥区	浍河	东坪集	Ⅳ
	埇桥区	沱河	芦岭桥	Ⅳ
	埇桥区	濉河	符离闸	Ⅴ
蚌埠市	禹会区	淮河	蚌埠闸上	Ⅲ
	五河县	淮河	沫河口	Ⅲ
	怀远县	涡河	龙亢	Ⅳ
	五河县	怀洪新河	五河	Ⅲ
蚌埠市	五河县	沱河	关咀	Ⅲ
	固镇县	浍河	蚌埠固镇	Ⅳ
	固镇县	浍河	湖沟	Ⅳ
阜阳市	颍上县	颍河	杨湖	Ⅳ
	阜南县	谷河	阜南	Ⅲ
	颍州区	颍河	阜阳段下	Ⅳ
	颍泉区	颍河	阜阳段上游	Ⅴ

所在地市	区（市、县）	所在水体名称	断面名称	2020 年水质目标
淮南市	谢家集区	瓦埠湖	瓦埠湖	III
	凤台县	淮河	鲁台孜	III
	田家庵区	淮河	石头埠	III
	凤台县	西淝河	西淝河闸下	III
	大通区	淮河	新城口	III
	毛集实验区	焦岗湖	焦岗湖	III
	寿县	东淝河	白洋淀渡口	III
	寿县	淠河	大店岗	IV
	寿县	东淝河	五里闸	IV
滁州市	天长市	白塔河	天长化工厂	III
	明光市	池河	公路桥	III
	明光市	淮河	小柳巷	III
	全椒县	滁河	陈浅	III
	全椒县	襄河	化肥厂下	IV
	来安县	来河	水口	IV
	南谯区	清流河	乌衣下	IV
六安市	金寨县	竹根河	丁埠大桥	II
	霍山县	东淠河	陶洪集	II
	金寨县	西淠河	响洪甸水库出水口	II
	金安区	淠河	新安渡口	III
	叶集区	史河	固始李畈（叶集大桥）	III
	霍邱县	沣河	工农兵大桥	III
	霍邱县	汲河	东湖闸	III
	舒城县	杭埠河	河口大桥	III
黄山市	屯溪区	率水	率水大桥	II
	屯溪区	横江	横江大桥	II
	歙县	新安江	街口	II
	屯溪区	新安江	篁墩	II
	歙县	练江	浦口	III
	歙县	扬之河	新管	II
	祁门县	昌江	镇埠（倒湖）	II
	黄山区	太平湖	湖心	II

3.1.7 水环境管控分区

水环境管控分区包括优先保护区、重点管控区和一般管控区。

（1）优先保护区

安徽省水环境优先保护区包含县级及以上的饮用水水源（含备用）保护区的一级区和二级区、省级及以上湿地型自然保护区全境、省级及以上湿地公园的湿地保育区和恢复重建区、省级及以上水产种质资源保护区的核心区、巢湖水环境一级保护区等 5 类区域。全省共划定了 266 个优先保护区，占全省国土面积的 4.09%。

（2）重点管控区

水环境重点管控区细类分为水环境工业污染重点管控区、水环境城镇生活污染重点管控区和水环境农业污染重点管控区 3 个类型。首先结合 2017 年、2018 年水环境质量现状从 1 200 个水环境控制单元中识别出超标单元纳入水环境重点管控区；对于水质达标的水环境控制单元，考虑到工业源排放量较大，将省级及以上开发区所在的开发边界纳入水环境重点管控区。全省共划定了 318 个重点管控区，占全省国土面积的 8.41%。

（3）一般管控区

水环境一般管控区是除优先保护区和重点管控区以外的区域，全省共划定一般水环境管控区 616 个，占全省国土面积的 87.50%。

（4）管控区划定成果

共划定 1 200 个水环境管控区。其中优先保护区 266 个，面积 5 728.12 km^2，占全省国土面积的 4.09%；重点管控区 318 个，面积 11 793.77 km^2，占全省国土面积的 8.41%；一般管控区 616 个，面积 122 652.50 km^2，占全省国土面积的 87.50%（表 3-14 和图 3-5）。

表 3-14　水环境管控区划分成果

行政区	辖区面积/km^2	优先保护			重点管控			一般管控		
		个数	面积/km^2	占比/%	个数	面积/km^2	占比/%	个数	面积/km^2	占比/%
合肥市	11 445.74	29	1 238.44	10.82	68	2 472.18	21.60	55	7 735.12	67.58
芜湖市	6 012.71	11	144.67	2.41	20	621.75	10.34	51	5 246.29	87.25
蚌埠市	5 949.92	20	240.93	4.05	12	298.07	5.01	28	5 410.92	90.94
淮南市	5 532.43	10	58.83	1.06	12	306.48	5.54	33	5 167.12	93.40
马鞍山市	4 050.88	9	150.05	3.70	12	466.77	11.52	35	3 434.06	84.78
淮北市	2 736.88	6	13.64	0.50	18	1 100.87	40.22	10	1 622.37	59.28
铜陵市	2 969.98	13	359.07	12.09	11	174.84	5.89	26	2 436.08	82.02
安庆市	13 543.41	41	1 243.55	9.18	24	755.16	5.58	92	11 544.70	85.24
黄山市	9 681.28	16	80.29	0.83	13	164.09	1.69	40	9 436.89	97.48
滁州市	13 520.27	11	651.46	4.82	26	1 238.44	9.16	50	11 630.37	86.02
阜阳市	10 118.52	32	412.75	4.08	22	705.80	6.98	35	8 999.97	88.94
宿州市	9 938.62	11	83.29	0.84	19	1 163.62	11.71	24	8 691.71	87.45
六安市	15 461.16	17	260.08	1.68	18	513.54	3.32	38	14 687.55	95.00
亳州市	8 522.73	8	60.59	0.71	9	320.21	3.76	16	8 141.93	95.53
池州市	8 367.36	13	502.62	6.01	10	227.98	2.72	34	7 636.76	91.27
宣城市	12 322.50	19	227.85	1.85	24	1 263.98	10.26	49	10 830.68	87.89
全省	140 174.39	266	5 728.12	4.09	318	11 793.77	8.41	616	122 652.50	87.50

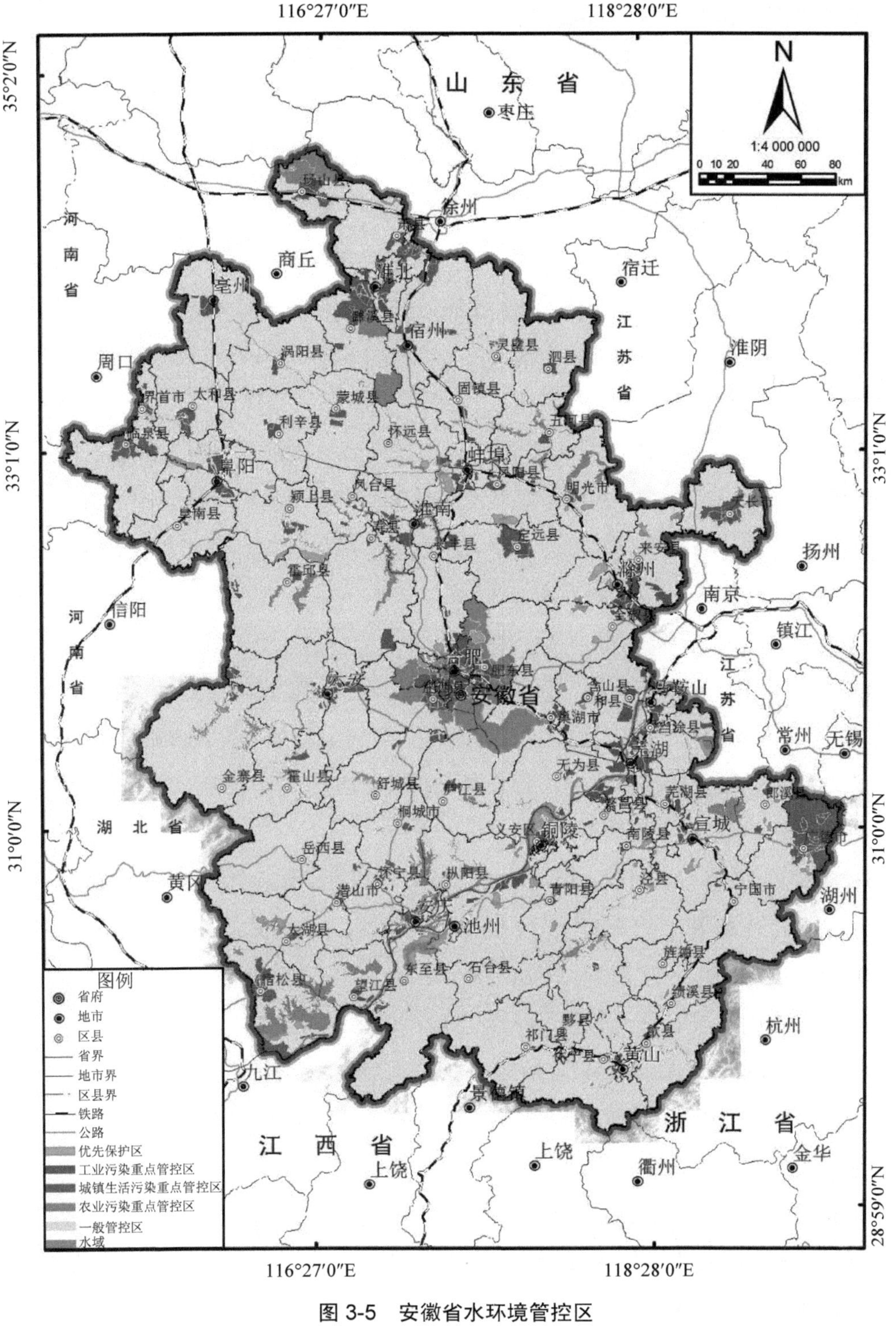

图 3-5　安徽省水环境管控区

3.2 大气环境质量底线与分区

3.2.1 大气环境质量现状

（1）全省环境空气质量现状分析

2017 年，SO_2 年均浓度为 17 μg/m^3，达到国家二级标准；NO_2 年均浓度为 38 μg/m^3，达到国家二级标准；PM_{10} 年均浓度为 88 μg/m^3，未达到国家二级标准，超标 0.3 倍；$PM_{2.5}$ 年均浓度为 56 μg/m^3，未达到国家二级标准，超标 0.6 倍；O_3 日最大 8 小时平均第 90 百分位数为 160 μg/m^3，达到国家二级标准。全省平均空气质量优良天数为 243 天，优良天数比例为 66.7%，轻度污染、中度污染和重度以上污染天数比例分别为 25.7%、5.1%和 2.5%。

2017 年，全省 16 个市 SO_2 年均浓度均达到国家空气质量标准。其中，黄山、安庆、池州、宣城、芜湖、马鞍山、六安、滁州、淮南、阜阳、蚌埠、宿州和合肥 13 个市达到国家一级标准，其他 3 个市达到国家二级标准。SO_2 浓度高值区主要在铜陵、亳州和淮北 3 个市。

2017 年，黄山、安庆、池州、宣城、马鞍山、六安、滁州、淮南、阜阳、蚌埠、亳州和淮北 12 个市 NO_2 年均浓度达到国家二级标准，合肥、宿州、芜湖和铜陵 4 个市 NO_2 年均浓度未达到国家二级标准，超标倍数范围为 0.02（宿州）～0.3 倍（合肥）。NO_2 浓度高值区主要在合肥、宿州、芜湖和铜陵 4 个市。

2017 年，全省 15 个市 PM_{10} 年均浓度均超标，超标倍数范围为 0.09（宣城）～0.5 倍（淮南），黄山市达到国家二级标准。PM_{10} 浓度高值区主要在皖北地区。

2017 年，全省 15 个市 $PM_{2.5}$ 年均浓度均超标，超标倍数范围为 0.3（六安）～1.0 倍（亳州），黄山市达到国家二级标准。$PM_{2.5}$ 浓度高值区主要在皖北地区。

2017 年，六安、阜阳、宣城、池州、铜陵、安庆、黄山 7 个市 O_3 日最大 8 小时平均第 90 百分位数达到国家二级标准，合肥、淮北、亳州、宿州、蚌埠、淮南、滁州、马鞍山和芜湖 9 个市未达到国家二级标准，超标倍数范围为 0.03（蚌埠）～0.2 倍（亳州）。16 个市 O_3 日最大 8 小时平均值日均值范围为 4～288 μg/m^3，黄山市未出现超标，其他 15 个城市均出现超标，超标率范围为 2.5%（安庆）～18.1%（马鞍山）。O_3 浓度高值主要集中在皖北和江淮之间的地区。

2017 年，全省 16 个市优良天数比例范围为 50.4%（宿州）～98.1%（黄山）。

（2）全省环境空气质量变化趋势分析

2011—2017 年，安徽省 SO_2 年均浓度呈现出先缓慢上升后下降的趋势，在 2017 年下降至近 7 年间的最低值，为 17 μg/m³；NO_2 年均浓度总体呈上升趋势；PM_{10} 年均浓度变化幅度较大，2011—2016 年先上升后下降，2017 年再次显著上升，较 2016 年上升 14.3%。

3.2.2 污染源统计分析

根据中国多尺度排放清单模型（MEIC）源清单（2016）数据，安徽省 SO_2 排放量为 22.1 万 t；SO_2 排放量较大的市为合肥、芜湖、马鞍山、淮南、阜阳，其合计排放量占全省排放量的 46.6%。NO_x 排放量为 95.4 万 t；NO_x 排放量较大的市为合肥、阜阳、淮南、宿州、芜湖，其合计排放量占全省排放量的 46.0%。粉尘排放量为 57.0 万 t；粉尘排放量较大的市为合肥、阜阳、宿州、六安、亳州，其合计排放量占全省排放量的 47.2%（表 3-15、图 3-6～图 3-8）。

表 3-15 安徽省大气污染物排放现状

单位：t

行政区划		SO_2	NO_x	PM	行政区划		SO_2	NO_x	PM
合肥	包河区	3 346	12 089	5 981	黄山	黄山区	391	2 800	1 468
	巢湖市	2 951	13 744	8 159		徽州区	391	1 646	1 337
	庐江县	2 230	10 710	8 872		祁门县	459	2 445	1 415
	庐阳区	1 373	5 153	2 593		屯溪县	192	735	568
	瑶海区	4 080	14 427	7 074		歙县	1 141	4 804	3 819
	长丰县	4 407	18 289	10 763		休宁县	796	3 700	2 364
	肥西县	3 936	18 553	11 396		黟县	195	1 168	664
	肥东县	8 558	33 510	18 380	滁州	定远县	2 104	10 390	7 416
	蜀山区	3 586	14 721	7 796		凤阳县	3 866	15 325	9 566
芜湖	繁昌县	1 583	5 636	2 989		来安县	2 004	10 244	4 274
	镜湖区	828	3 067	1 484		琅琊区	567	2 039	1 150
	鸠江区	4 820	17 728	8 264		明光市	1 218	6 224	4 458
	南陵县	1 690	7 002	4 959		南谯区	1 114	5 126	3 007
	三山区	1 431	5 345	2 647		全椒县	1 022	5 676	3 765
	无为县	5 214	21 047	11 759		天长市	2 141	9 931	5 540
	芜湖县	1 281	5 186	3 103	阜阳	阜南县	2 184	10 727	9 283
	弋江区	1 427	5 302	2 570		界首市	1 161	5 305	3 862
蚌埠	蚌山区	872	3 010	1 712		临泉县	2 696	11 672	10 691
	固镇县	1 243	6 292	4 604		太和县	2 887	14 922	11 187
	怀远县	3 547	16 871	11 213		颍东区	1 518	7 861	5 206
	淮上区	1 142	4 353	2 683		颍泉区	1 426	7 325	4 694
	龙子湖区	658	2 329	1 368		颍上县	2 949	15 847	11 409
	五河县	1 176	5 942	4 520		颍州区	1 270	6 627	4 682

行政区划		SO_2	NO_x	PM	行政区划		SO_2	NO_x	PM
蚌埠	禹会区	1 548	5 843	3 259	宿州	砀山县	1 791	7 197	5 512
淮南	八公山区	481	2 250	1 076	宿州	灵璧县	1 771	9 446	7 610
淮南	大通区	1 774	7 704	3 444	宿州	泗县	1 561	8 660	6 052
淮南	凤台县	4 368	18 865	7 797	宿州	萧县	5 017	20 366	12 006
淮南	潘集区	3 153	14 230	6 731	宿州	埇桥区	5 826	26 493	14 530
淮南	寿县	3 499	17 571	12 145	六安	霍邱县	2 439	12 994	10 490
淮南	田家庵区	1 618	7 329	3 437	六安	霍山县	1 312	5 242	3 653
淮南	谢家集区	1 585	7 384	3 586	六安	金安区	2 044	9 545	6 772
马鞍山	博望区	1 475	5 584	2 889	六安	金寨县	1 326	6 173	4 409
马鞍山	当涂县	6 003	22 034	10 534	六安	舒城县	2 125	9 953	6 976
马鞍山	含山县	1 690	7 462	4 315	六安	叶集区	415	2 334	1 660
马鞍山	和县	5 536	20 781	9 323	六安	裕安区	2 690	11 427	7 490
马鞍山	花山区	1 087	4 088	1 854	亳州	利辛县	2 744	14 985	10 673
马鞍山	雨山区	1 615	5 650	2 718	亳州	蒙城县	3 240	17 122	9 510
淮北	杜集区	1 417	6 057	2 696	亳州	谯城区	3 379	16 443	9 959
淮北	烈山区	3 241	13 759	5 406	亳州	涡阳县	2 927	15 549	9 930
淮北	濉溪县	7 394	29 489	11 749	池州	东至县	1 268	6 029	4 328
淮北	相山区	740	3 029	1 244	池州	贵池区	3 122	13 058	8 557
铜陵	枞阳县	2 674	11 834	7 489	池州	青阳县	1 881	7 154	4 244
铜陵	铜官区	459	1 543	821	池州	石台县	294	1 715	1 187
铜陵	义安区	3 914	13 597	7 456	宣城	广德县	1 556	7 157	4 094
铜陵	郊区	869	2 954	1 580	宣城	绩溪县	369	1 930	1 198
安庆	大观区	278	1 168	707	宣城	泾县	1 708	8 502	5 007
安庆	怀宁县	1 557	6 455	4 222	宣城	旌德县	267	1 546	1 010
安庆	潜山县	1 147	5 269	3 317	宣城	郎溪县	1 018	4 960	2 847
安庆	太湖县	1 196	4 369	3 148	宣城	宁国市	1 369	6 198	3 865
安庆	桐城市	1 658	7 400	4 768	宣城	宣州区	2 901	13 915	8 475
安庆	望江县	1 025	4 305	2 867					
安庆	宿松县	3 411	6 689	4 811					
安庆	宜秀区	1 257	5 116	2 815					
安庆	迎江区	634	2 538	1 431					
安庆	岳西县	859	3 075	2 059	全省合计		220 593	954 359	570 452

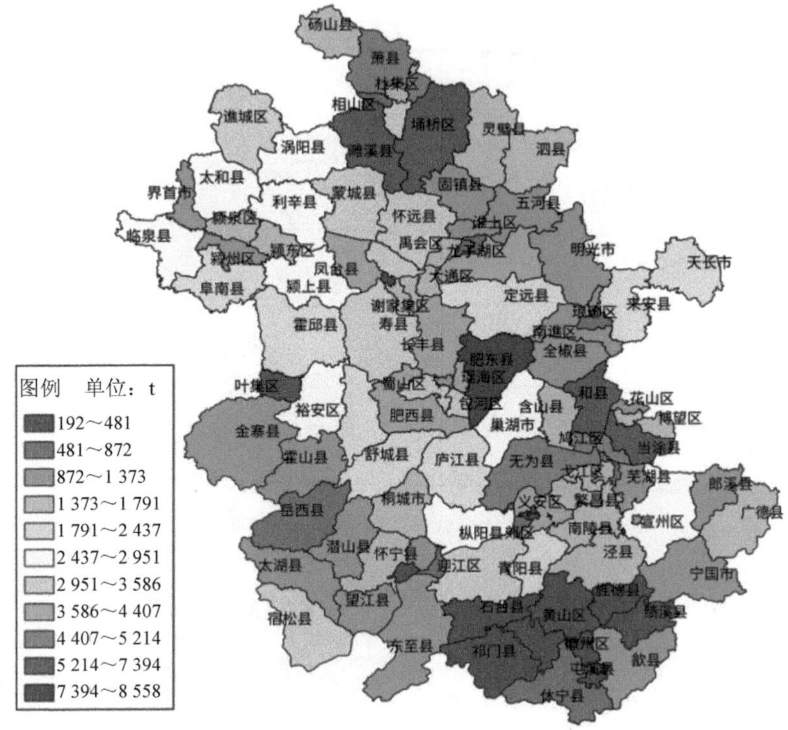

图 3-6　SO_2 排放量分布

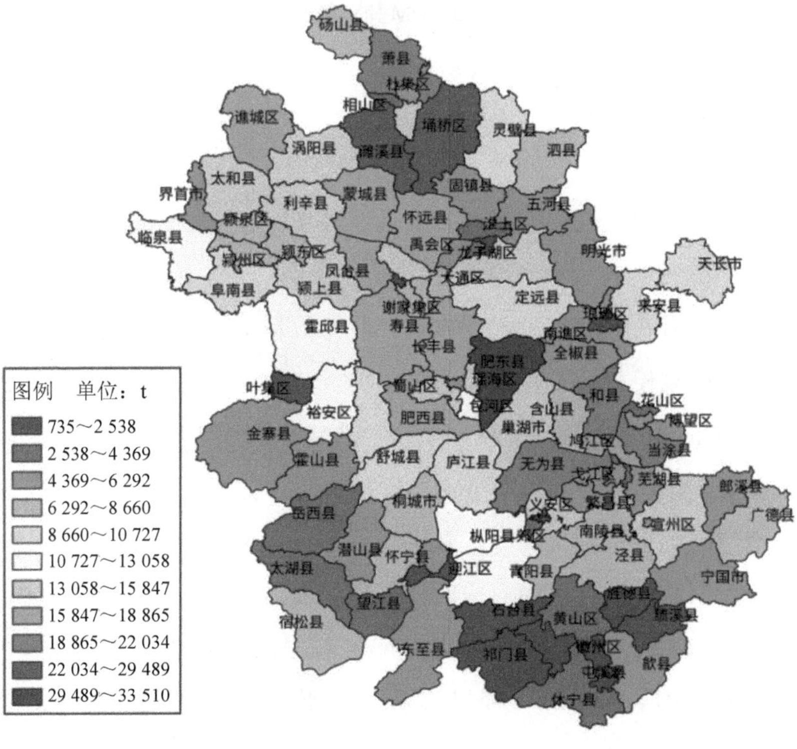

图 3-7　NO_x 排放量分布

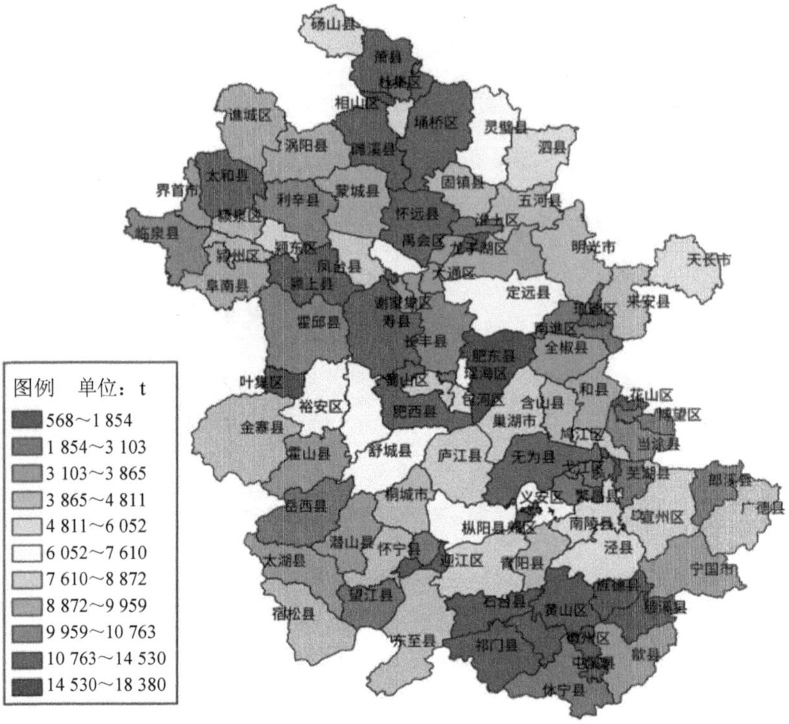

图 3-8 PM 排放量分布

3.2.3 污染减排计算

目前 $PM_{2.5}$ 是安徽省大气污染治理的重点，以 $PM_{2.5}$ 达标为约束，利用空气质量模型 WRF-Chem 模拟测算安徽省大气环境容量，结合各市排放特点以及污染源减排潜力，并预留一定安全容量，最后获得各市大气污染物允许排放量。

（1）空气质量模型模拟系统搭建及验证

利用 WRF-Chem 空气质量模型模拟系统，选择基准年的典型月份（如 1 月、4 月、7 月、10 月），模拟安徽省主要气态污染物、颗粒物及关键组分的日均浓度、小时浓度。模型验证主要包括气象场模拟结果的验证及空气质量模型模拟结果的验证。本项目利用地面气象站气象观测数据与模拟结果中对应网格气象场模拟值进行比对，验证模拟结果的可靠性；利用安徽省空气质量监测网每日 24 h 监测数据与模拟结果中对应网格大气污染物浓度进行比对，以验证 WRF-Chem 模型模拟结果的可靠性。格式网格设置见图 3-9，所对应安徽省模拟分辨率为 3 km×3 km。

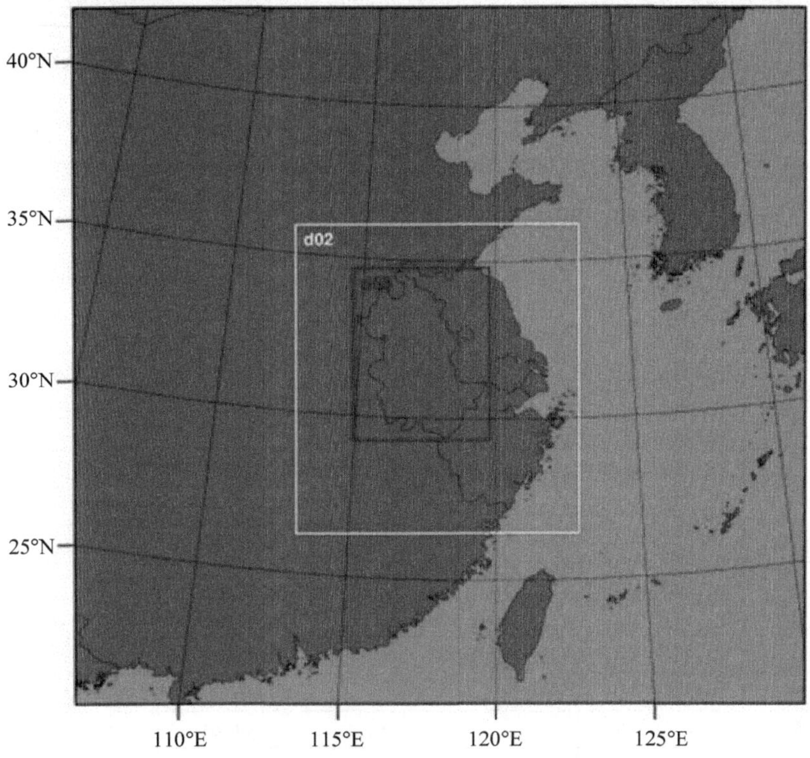

图 3-9　WRF-Chem 空气质量模型三层嵌套地理范围示意

（2）允许排放量和减排比例的计算

对于基准年基准情景 $PM_{2.5}$ 年均浓度已达标城市，基于空气质量反退化原则，设定其环境容量即为现状排放量；对于基准年基准情景未达标城市，应制定削减方案，利用空气质量模型迭代计算，直至城市的国控站点 $PM_{2.5}$ 年均浓度达到分阶段环境质量目标要求。

通过调整各市不同区域以及不同污染源的减排量或新增量，迭代模拟直至安徽省各市国控站点 $PM_{2.5}$ 年均浓度达到分阶段目标，在此情景下，得到的基于 $PM_{2.5}$ 质量目标约束下 SO_2、NO_x、一次 $PM_{2.5}$ 的排放量，即为安徽省各市或管控区域的允许排放量。

利用 WRF-Chem 模式模拟估算安徽省环境容量的具体迭代算法如下：

1）基准情形大气关键组分浓度模拟：利用 WRF-Chem 模拟出 2017 年 4 个季节 5 种污染物（CO、NO_x、SO_2、$PM_{2.5}$、PM_{10}）的平均浓度；

2）5 种污染物达标限值设定：依据《环境空气质量标准》（GB 3095—2012）的规定，二级标准下 CO 的 24 小时平均浓度限值，NO_x、SO_2、$PM_{2.5}$、PM_{10} 的年平均浓度限值分别为 4 000 μg/m^3、40 μg/m^3、60 μg/m^3、35 μg/m^3 和 70 μg/m^3；

3）排放源的重制：计算各季节、各污染物达标限值浓度与模拟浓度（对于 CO，选取各月中 CO 最高的日平均浓度值）的比值 k，基于污染物浓度与排放量呈线性关系的假定，将排放源强度改为原来的 k 倍，即重制的排放源；

4）数值模型迭代：使用重制的排放源，再次利用 WRF-Chem 模拟计算各季节各污染物平均浓度，再进行过程 3），重复以上步骤，直至各污染物均接近达标限值，便可得到各季节各污染物二级标准下的大气环境容量，各季节大气环境容量之和即为年大气环境容量。大气环境容量相对基准年排放量的削减比例即为减排比例（表 3-16）。

表 3-16　各市目标年减排比例

市		2018 年现状浓度/（μg/m³）（实况值）			2020 年较 2018 年削减比例/%		
		SO_2	NO_x	PM	SO_2	NO_x	PM
未达标城市	合肥	7	43	46	3.60	3.60	3.60
	淮北	17	34	56	36.97	36.97	36.97
	亳州	13	29	55	30.03	30.03	30.03
	宿州	16	42	55	38.37	38.37	38.37
	蚌埠	16	38	52	16.66	16.66	16.66
	阜阳	9	28	52	54.40	54.40	54.40
	淮南	16	29	53	45.55	45.55	45.55
	滁州	11	40	48	12.35	12.35	12.35
	六安	7	35	43	0.00	0.00	0.00
	马鞍山	15	38	43	0.00	0.00	0.00
	芜湖	11	42	48	0.00	0.00	0.00
	宣城	11	34	42	27.39	27.39	27.39
	铜陵	18	41	46	24.29	24.29	24.29
	安庆	11	32	45	33.49	33.49	33.49
	平均	13	36	49	23.08	23.08	23.08
达标城市	池州	12	35	42	64.63	64.63	64.63
	黄山	11	17	23	0.00	0.00	0.00

3.2.4　大气环境质量目标

根据“十三五”生态环境保护规划和生态环境部下达的“十三五”生态环境保护约束性指标，到 2020 年，全省 14 个未达标城市（除池州、黄山）$PM_{2.5}$ 平均浓度比 2015 年下降约 17%，即由 58 μg/m³ 下降到 48 μg/m³，各市 $PM_{2.5}$ 目标见表 3-17。

表 3-17　各市 $PM_{2.5}$ 目标一览　单位：μg/m³

城市	2015 年现状值	2020 年目标值
合肥	66	53
淮北	59	49
亳州	61	49
宿州	63	53
蚌埠	64	51
阜阳	51	42
淮南	52	43
滁州	62	50
六安	57	47
马鞍山	61	49
芜湖	58	48
宣城	49	41
铜陵	58	48
安庆	53	44
池州	34	34
黄山	35	35
14 市平均	58	48
16 市平均	55	46

3.2.5　大气环境管控分区

大气环境管控分区包括优先保护区、重点管控区和一般管控区。

3.2.5.1　优先保护区

根据《“生态保护红线、环境质量底线、资源利用上线和环境准入负面清单”编制技术指南（试行）》（以下简称《技术指南》）要求，将环境空气一类功能区作为大气环境优先保护区，即自然保护区、风景名胜区和其他需要特殊保护的区域。结合安徽省 16 个市提供的基础资料，安徽省大气环境优先保护区包含自然保护区、风景名胜区、森林公园和地质公园全境区域。全省共划定了 282 个大气优先保护区，占全省国土面积的 6.61%。

3.2.5.2　重点管控区

根据《技术指南》要求，大气环境重点管控单元主要存在于环境空气二类功能区，即居住区、商业交通居民混合区、文化区、工业区和农村地区。根据二类功能区内人口、学校、医院、工业企业、气象扩散能力、地形地貌等因素的分布情况，识别出高污染排放区、弱扩散区、布局敏感区和受体敏感区。

（1）高污染排放区

将以全省130个省级及以上开发区核定范围及大气排放源清单为依据筛选出来的高排放量区域作为高污染排放区（图3-29）。

（2）弱扩散区

1）数据资料。考虑到研究区域资料的连续性，主要利用安徽省气象局2013年建成并投入业务运行的1 130个地面气象站各站点每日02:00、08:00、14:00、20:00 4个时次的2 min风速气象观测资料，计算2013—2017年气象站点风速日均值。全省气象站点分布总体上呈皖南山区、大别山区分布较密，沿淮淮北及江淮之间中东部相对稀疏的态势（图3-10）。

2）技术方法。分析全省1 130个地面气象站（含国家站）小风与静风日数，按日均风速小于2 m/s计为一个小风日；按日均风速小于0.1 m/s计为一个静风日。统计各站2013—2017年小风及静风日数比例。

应用GIS空间分析功能，利用反距离权重法（IDW）对全省气象站点小风及静风日比例数据空间插值，得到格点空间分布图。反距离权重法的公式如下：

$$Z(j)=\left(\sum_{i=1}^{n}\frac{Z_i}{d_i^2}\right)\Bigg/\left(\sum_{i=1}^{n}\frac{1}{d_i^2}\right)$$

式中：$Z(j)$——所要预测的j点的气象要素；

Z_i——气象要素在第i个站点的值；

d_i——插值点到第i个站点的大圆距离，2是距离的幂；

n——用于插值的气象站点的数目。

3）结果分析

①全省小风日数分布情况。运用GIS的IDW插值得到小风日数比例值的空间栅格数据（图3-11），分析结果表明，皖南山区、大别山区小风比例较高，江淮之间中东部小风日数最少。

②全省静风日数比例分布。运用IDW插值得到静风日数比例值的空间栅格数据（图3-12），分析结果表明，全省大部分区域静风比例为3%以内；高值区分布不均、呈分散状，大部分位于淮河以南区域。

③弱扩散区分布。根据以上分析结果，并利用GIS空间栅格空间运算，得到全省弱扩散区分布（图3-29）。

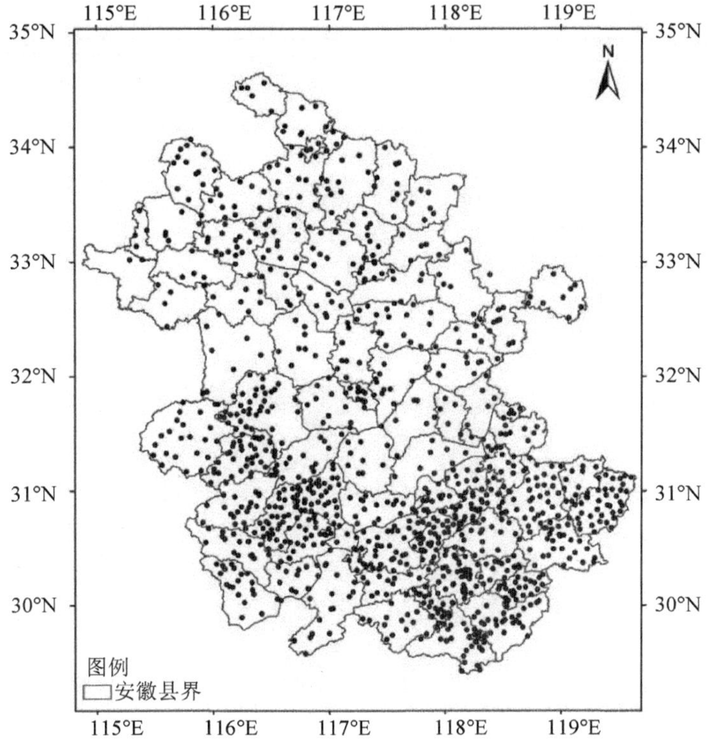

图 3-10　全省气象站点分布

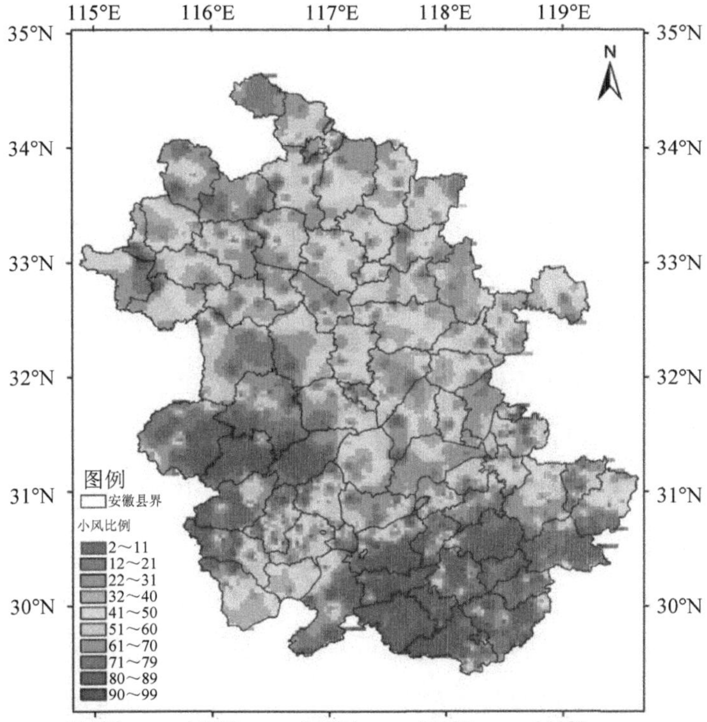

图 3-11　全省小风日数比例分布

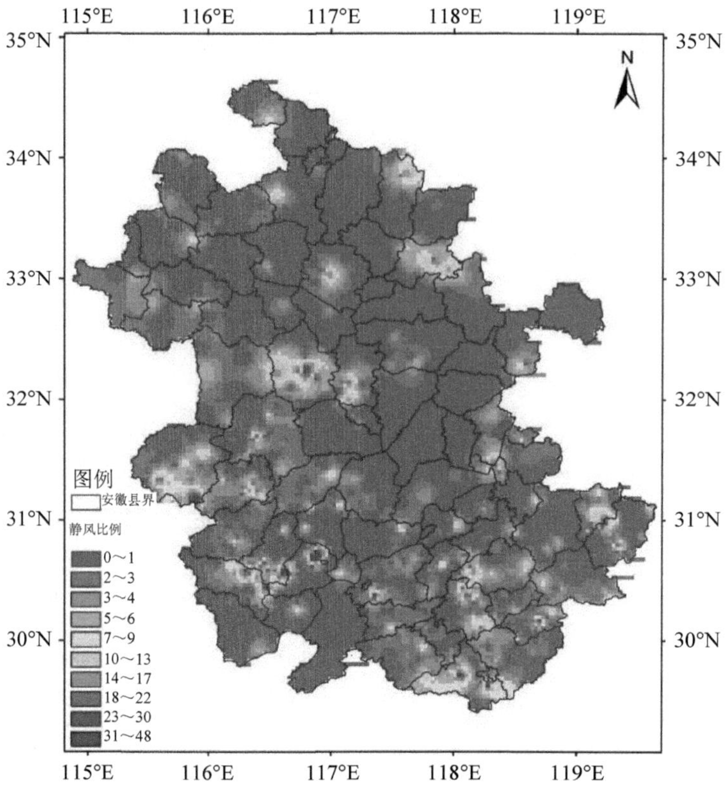

图 3-12 全省静风日数比例分布

（3）布局敏感区

布局敏感区（上风向区）划定的主要依据是后向轨迹分析结果。后向轨迹模式是美国国家海洋和大气管理局以及空气资源实验室联合开发的 HYSPLIT 模式。该模式是欧拉和拉格朗日混合型扩散模式，被广泛应用于跟踪气流所携带粒子或气体的移动方向，以及分析污染物来源和传输路径等方面。各城市上风向区的划定采用 HYSPLIT 模式计算基准年 1 月、4 月、7 月、10 月后向轨迹聚类的方法，聚类结果表示以各市中心坐标为终点的气流最大概率经过的上游地区，即上风向区。利用 NCEP GDAS 全球 1°×1°数据，采用 HYSPLIT 后向轨迹分析模型，分别对安徽省 16 个市基准年（2017 年）1 月、4 月、7 月、10 月每日 8:00、20:00 计算后向轨迹，表征上风向路径。

1）合肥市。

合肥市 2016 年轨迹及其贡献：对合肥市后向轨迹模式模拟的有效轨迹进行聚类分析，得到 3 类。1 月轨迹主要来自西北、东北、正南方向；4 月轨迹主要来自正东、东南、西北方向；7 月轨迹主要来自西南、西北、正东方向；10 月轨迹主要来自东北、西北方向

（表 3-18 和图 3-13）。

表 3-18　合肥市后向轨迹聚类结果贡献分析

类别	1 月	4 月	7 月	10 月
1	33.87	56.67	46.77	25.81
2	40.32	23.33	43.55	58.06
3	25.81	20.00	9.68	16.13

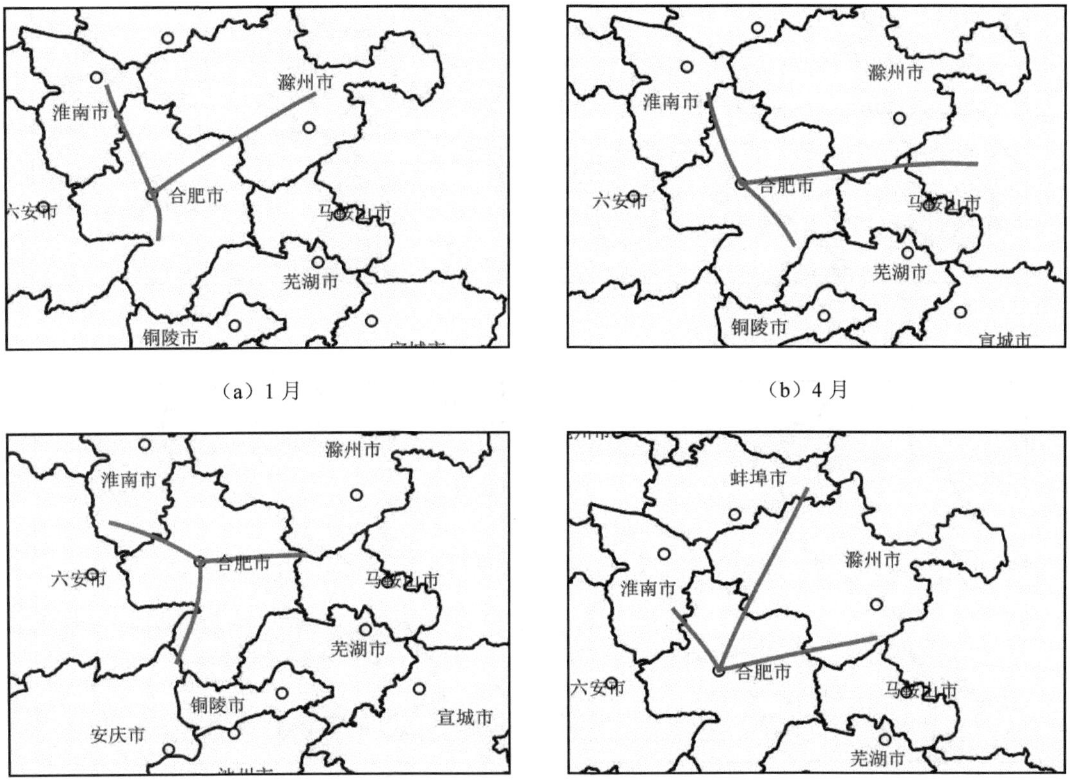

（a）1 月　（b）4 月　（c）7 月　（d）10 月

图 3-13　合肥市 1 月、4 月、7 月、10 月后向轨迹聚类

2）芜湖市。

芜湖市 2016 年轨迹及其贡献：对芜湖市后向轨迹模式模拟的有效轨迹进行聚类分析，得到 3 类。1 月轨迹主要来自西北、东北方向；4 月轨迹主要来自正西、东南方向；7 月轨迹主要来自正西、正东、正南方向；10 月轨迹主要来自东北、正北方向（表 3-19 和图 3-14）。

表 3-19　芜湖市后向轨迹聚类结果贡献分析

类别	1 月	4 月	7 月	10 月
1	43.55	41.67	45.16	37.10
2	24.19	33.33	35.48	30.65
3	32.26	25.00	19.35	32.26

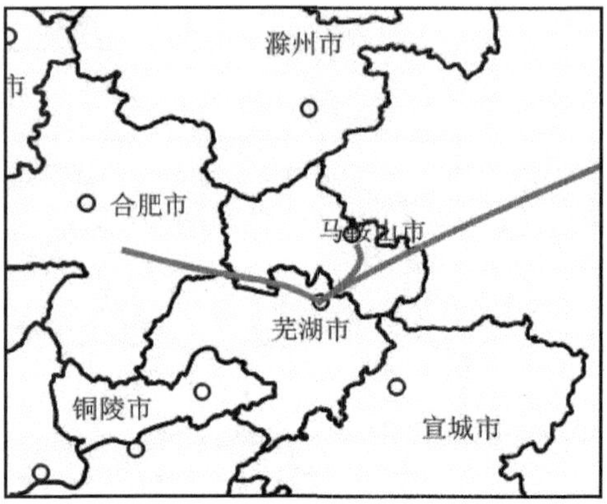

（a）1 月

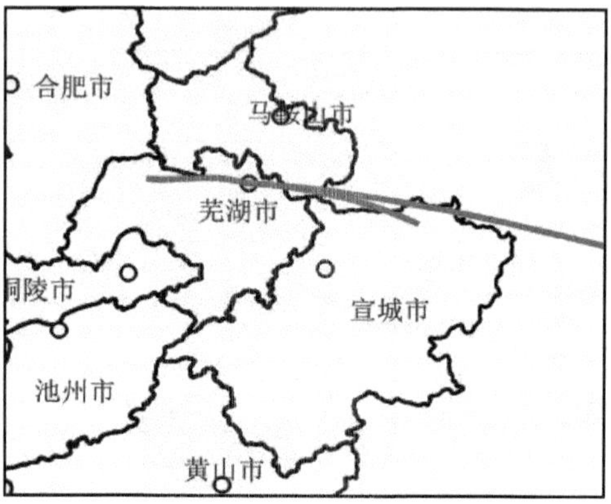

（b）4 月

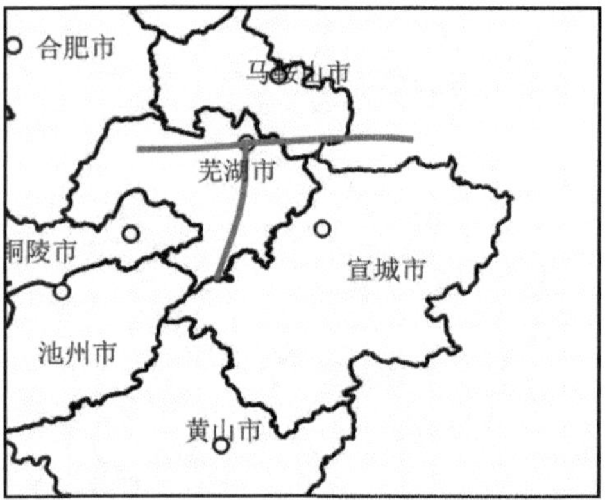

（c）7 月

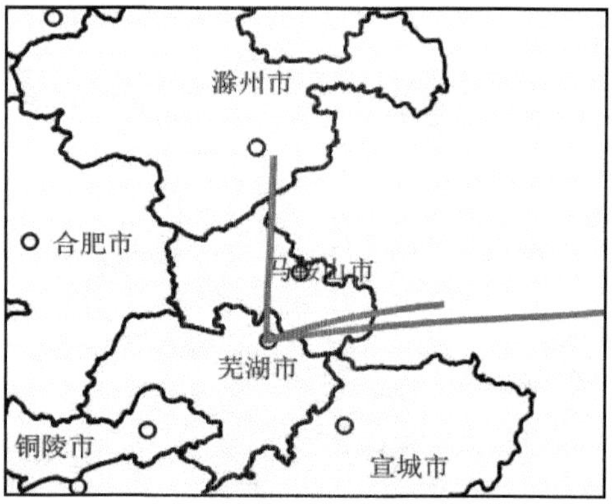

（d）10 月

图 3-14　芜湖市 1 月、4 月、7 月、10 月后向轨迹聚类

3）蚌埠市。

蚌埠市 2016 年轨迹及其贡献：对蚌埠市后向轨迹模式模拟的有效轨迹进行聚类分析，得到 3 类。1 月轨迹主要来自西北、东北、西南方向；4 月轨迹主要来自正东、西北、东南方向；7 月轨迹主要来自东北、西北方向；10 月轨迹主要来自西北、正南、正东方向（表 3-20 和图 3-15）。

表 3-20　蚌埠市后向轨迹聚类结果贡献分析

类别	1 月	4 月	7 月	10 月
1	37.10	38.33	8.06	59.68
2	41.94	35.00	46.77	24.19
3	20.97	26.67	45.16	16.13

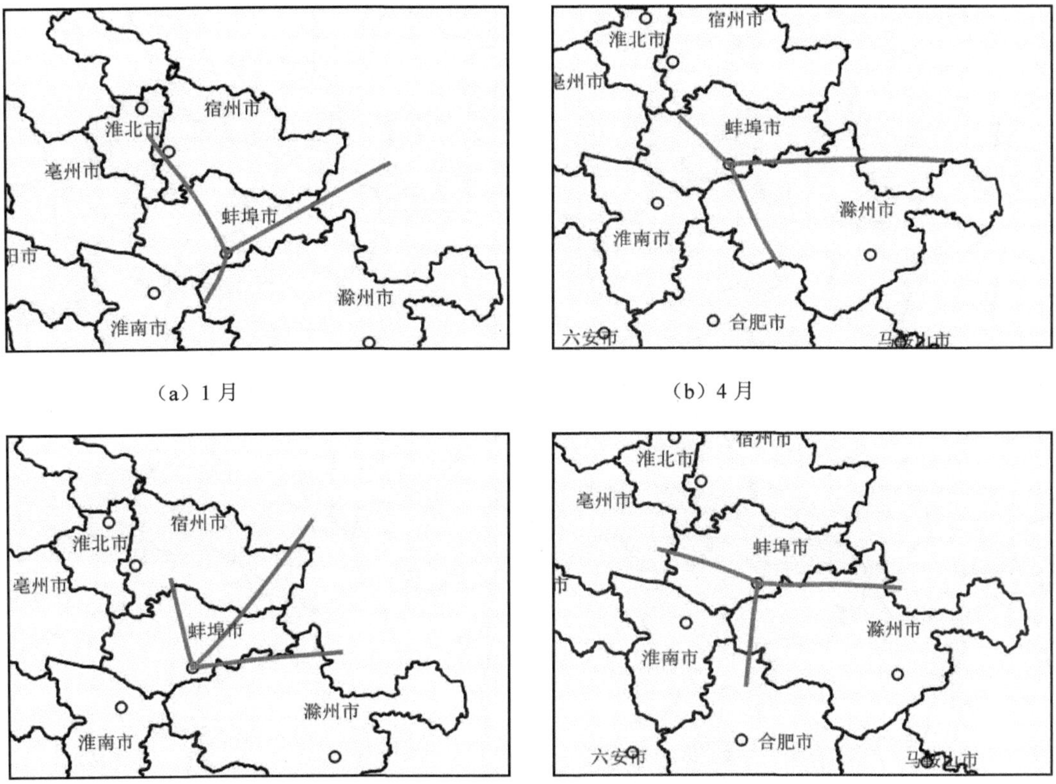

（a）1 月　（b）4 月

（c）7 月　（d）10 月

图 3-15　蚌埠市 1 月、4 月、7 月、10 月后向轨迹聚类

4）淮南市。

淮南市 2016 年轨迹及其贡献：对淮南市后向轨迹模式模拟的有效轨迹进行聚类分析，得到 3 类。1 月轨迹主要来自西北、东北、西南方向；4 月轨迹主要来自东南、西南、东北方向；7 月轨迹主要来自西南、东北、东南方向；10 月轨迹主要来自东北、正北、正东方向（表 3-21 和图 3-16）。

表 3-21 淮南市后向轨迹聚类结果贡献分析

类别	1 月	4 月	7 月	10 月
1	56.45	50.00	43.55	35.48
2	22.58	30.00	33.87	37.10
3	20.97	20.00	22.58	27.42

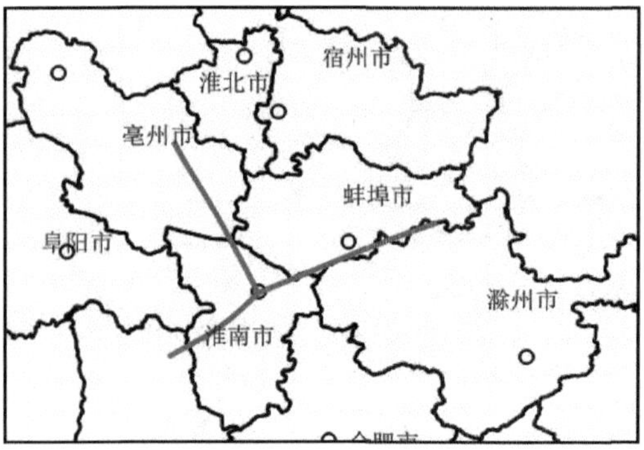

（a）1 月

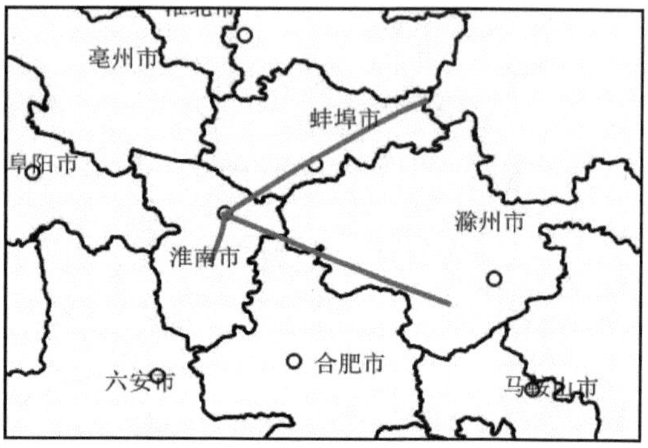

（b）4 月

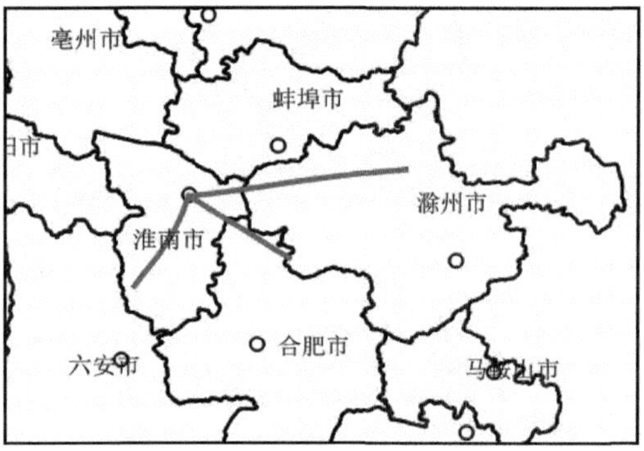

（c）7 月

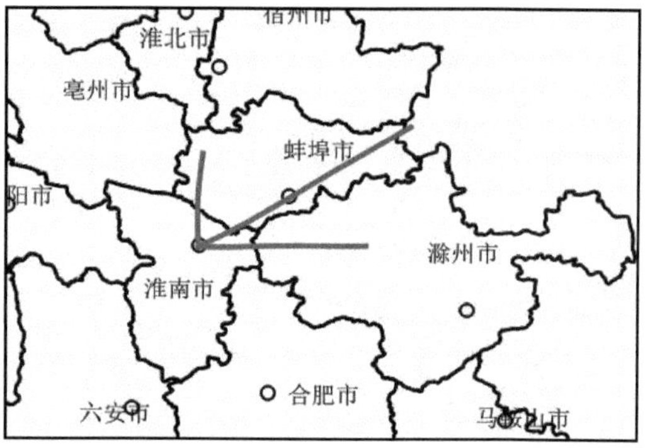

（d）10 月

图 3-16 淮南市 1 月、4 月、7 月、10 月后向轨迹聚类

5）马鞍山市。

马鞍山市 2016 年轨迹及其贡献：对马鞍山市后向轨迹模式模拟的有效轨迹进行聚类分析，得到 3 类。1 月轨迹主要来自西北、东北、正东方向；4 月轨迹主要来自东南、西北方向；7 月轨迹主要来自西北、正东、正南方向；10 月轨迹主要来自东北、正北方向（表 3-22 和图 3-17）。

表 3-22　马鞍山市后向轨迹聚类结果贡献分析

类别	1 月	4 月	7 月	10 月
1	37.10	48.33	51.61	37.10
2	27.42	30.00	32.26	43.55
3	35.48	21.67	16.13	19.35

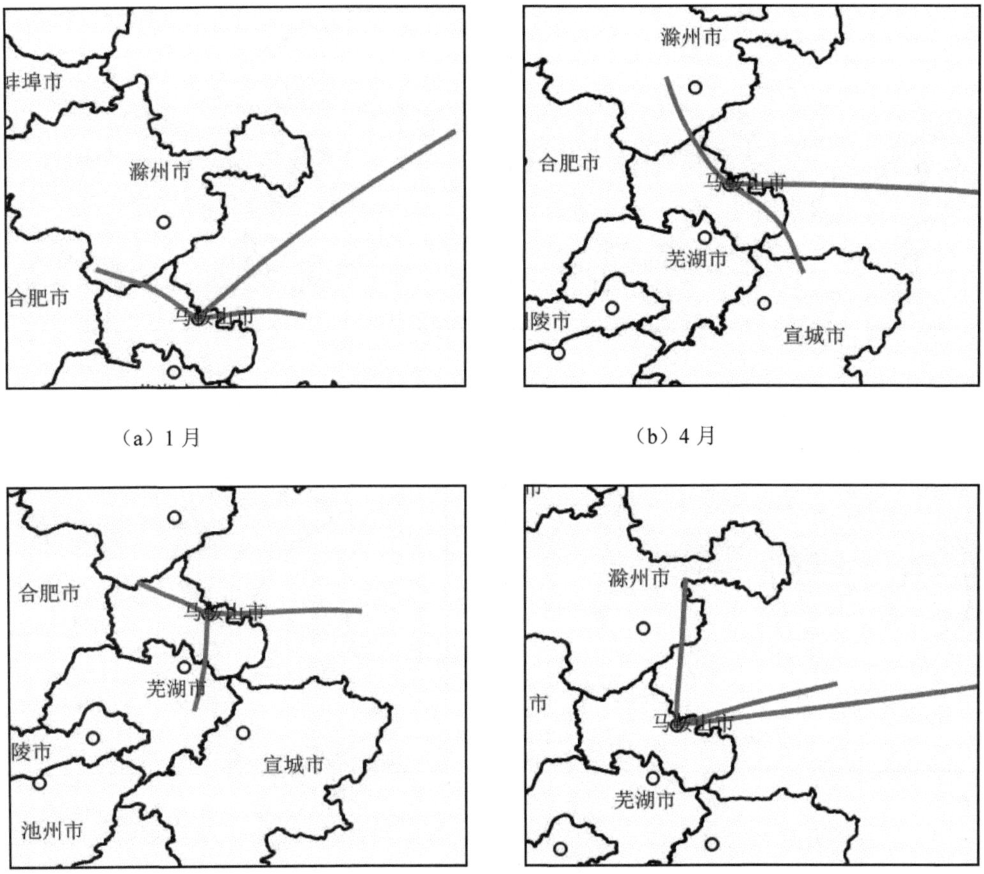

（a）1 月　（b）4 月

（c）7 月　（d）10 月

图 3-17　马鞍山市 1 月、4 月、7 月、10 月后向轨迹聚类

6）淮北市。

淮北市 2016 年轨迹及其贡献：对淮北市后向轨迹模式模拟的有效轨迹进行聚类分析，得到 3 类。1 月轨迹主要来自西北、东北、东南方向；4 月轨迹主要来自东南、西南、西北方向；7 月轨迹主要来自西南、正东、正西方向；10 月轨迹主要来自东北、西北、东南方向（表 3-23 和图 3-18）。

表 3-23 淮北市后向轨迹聚类结果贡献分析

类别	1 月	4 月	7 月	10 月
1	22.58	25.00	11.29	43.55
2	38.71	46.67	51.61	41.94
3	38.71	28.33	37.10	14.52

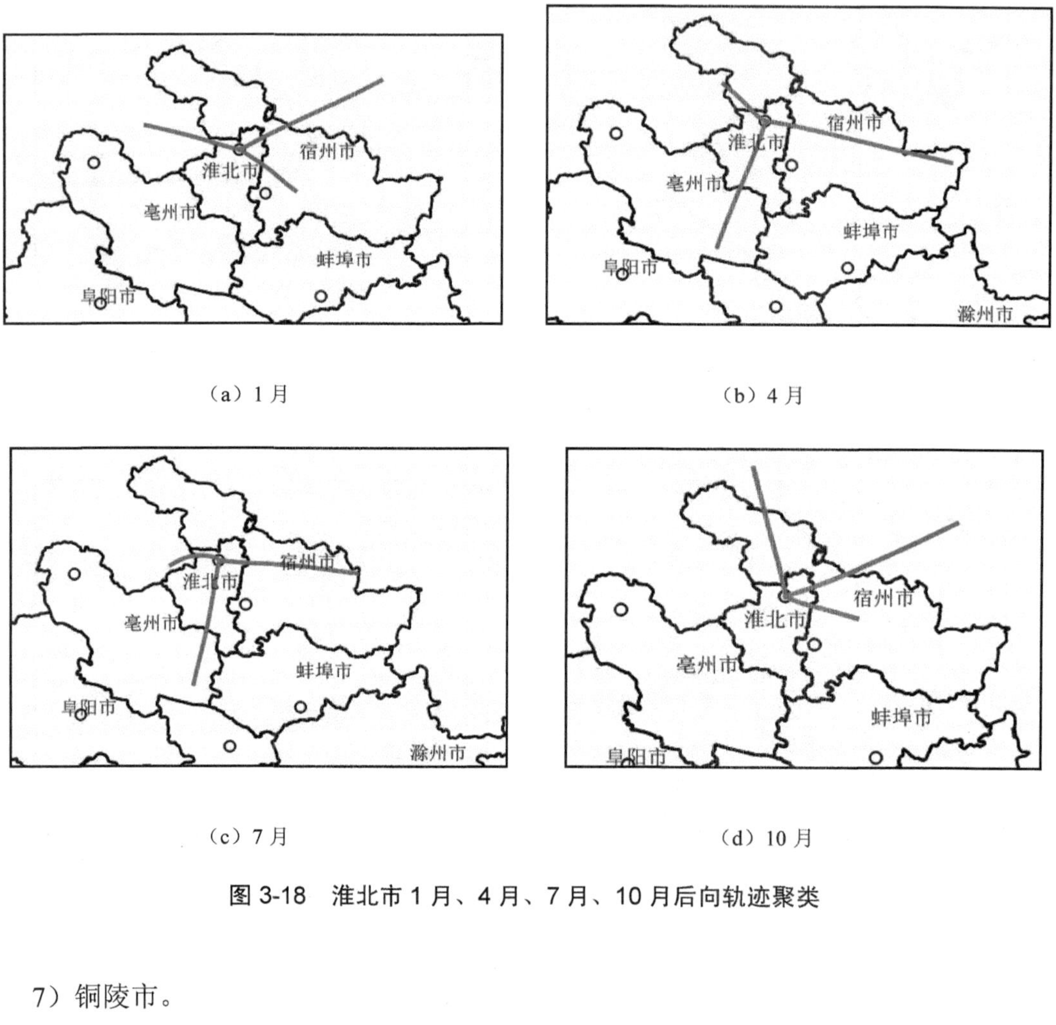

（a）1 月　（b）4 月

（c）7 月　（d）10 月

图 3-18 淮北市 1 月、4 月、7 月、10 月后向轨迹聚类

7）铜陵市。

铜陵市 2016 年轨迹及其贡献：对铜陵市后向轨迹模式模拟的有效轨迹进行聚类分析，得到 3 类。1 月轨迹主要来自西北、东北、西南方向；4 月轨迹主要来自西北、东北、西南方向；7 月轨迹主要来自正东、西南方向；10 月轨迹主要来自东北、正北方向（表 3-24 和图 3-19）。

表 3-24　铜陵市后向轨迹聚类结果贡献分析

类别	1 月	4 月	7 月	10 月
1	50.00	21.67	29.03	32.26
2	29.03	28.33	22.58	41.94
3	20.97	50.00	48.39	25.81

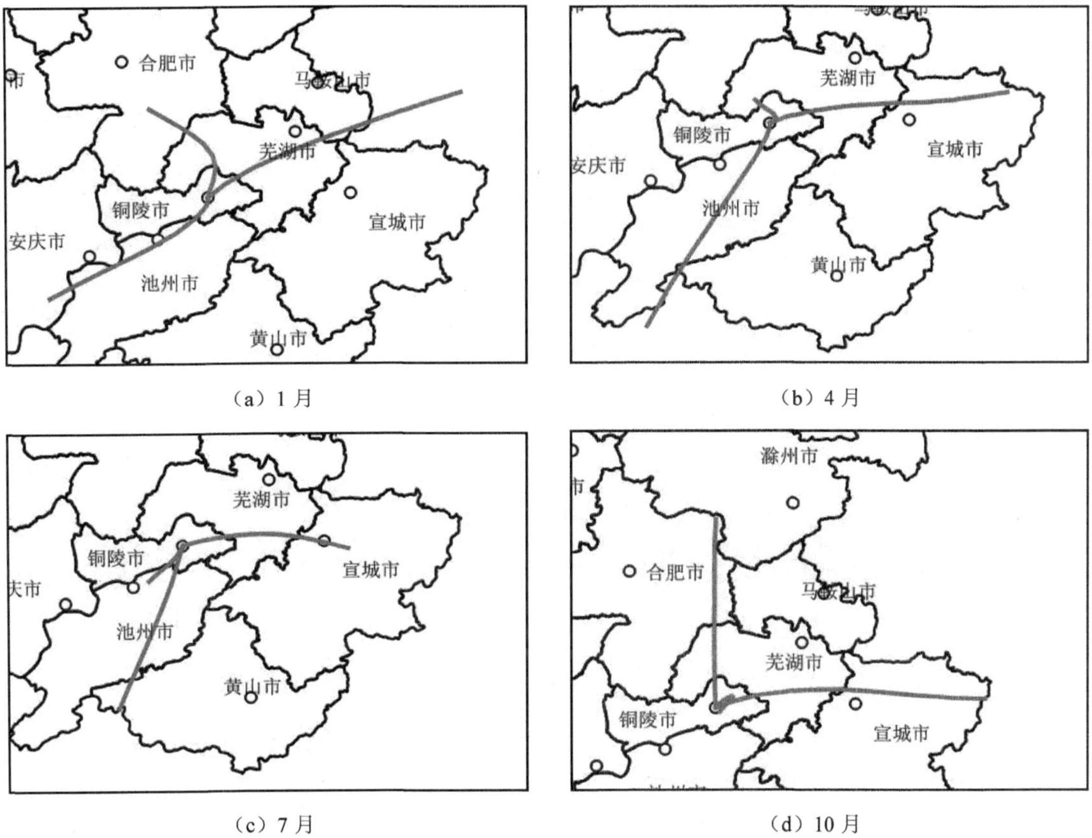

（a）1 月　（b）4 月

（c）7 月　（d）10 月

图 3-19　铜陵市 1 月、4 月、7 月、10 月后向轨迹聚类

8）安庆市。

安庆市 2016 年轨迹及其贡献：对安庆市后向轨迹模式模拟的有效轨迹进行聚类分析，得到 3 类。1 月轨迹主要来自西北、东北、正南方向；4 月轨迹主要来自东北、西北、东南方向；7 月轨迹主要来自西南、东北、正南方向；10 月轨迹主要来自东北、正北方向（表 3-25 和图 3-20）。

表 3-25 安庆市后向轨迹聚类结果贡献分析

类别	1 月	4 月	7 月	10 月
1	30.65	28.33	61.29	35.48
2	58.06	58.33	9.68	25.81
3	11.29	13.33	29.03	38.71

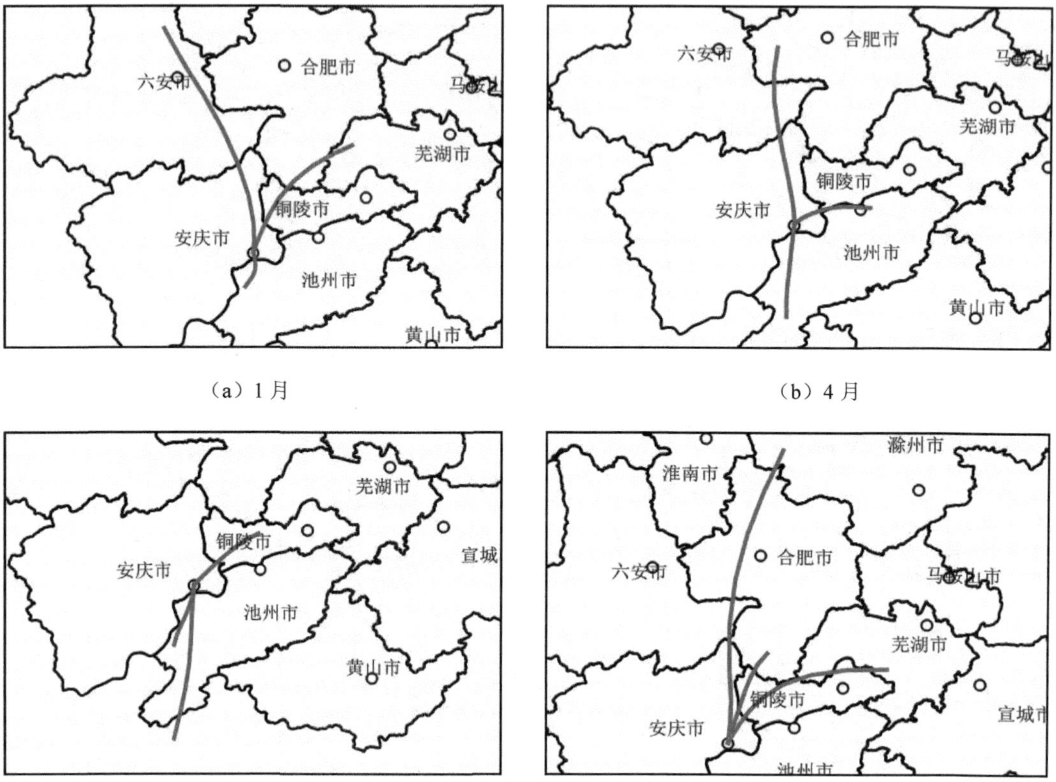

（a）1 月　（b）4 月

（c）7 月　（d）10 月

图 3-20 安庆市 1 月、4 月、7 月、10 月后向轨迹聚类

9）黄山市。

黄山市 2016 年轨迹及其贡献：对黄山市后向轨迹模式模拟的有效轨迹进行聚类分析，得到 3 类。1 月轨迹主要来自西北、东北、西南方向；4 月轨迹主要来自西北、西南、正东方向；7 月轨迹主要来自西南、东北、正南方向；10 月轨迹主要来自东北、正西、正东方向（表 3-26 和图 3-21）。

表 3-26　黄山市后向轨迹聚类结果贡献分析

类别	1 月	4 月	7 月	10 月
1	74.19	23.33	22.58	62.90
2	19.35	65.00	20.97	8.06
3	6.45	11.67	56.45	29.03

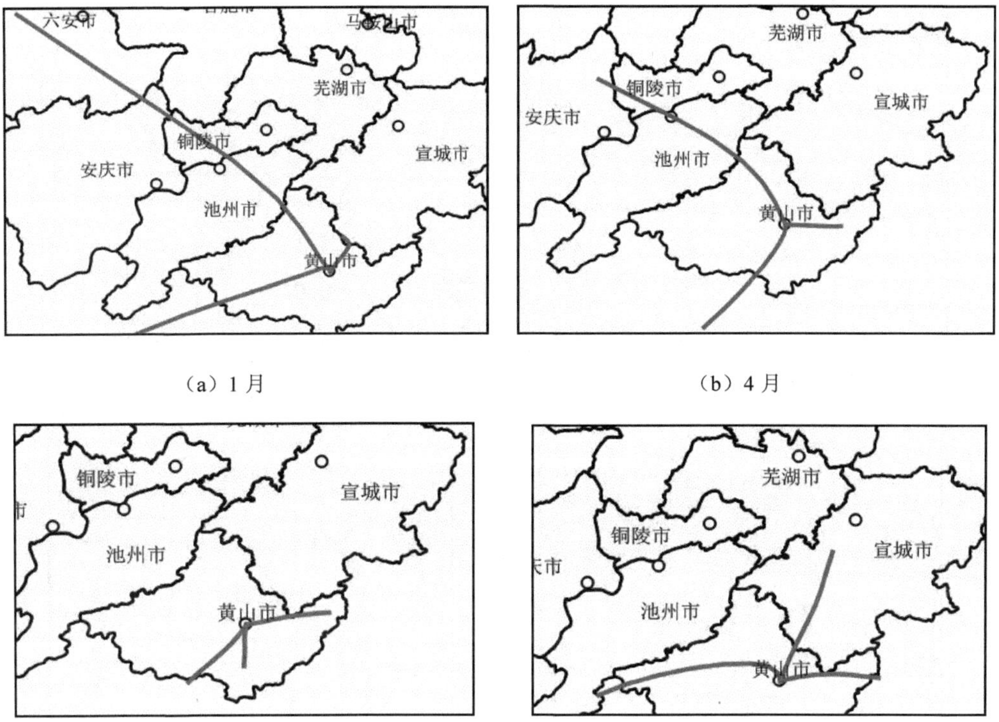

（a）1 月　（b）4 月　（c）7 月　（d）10 月

图 3-21　黄山市 1 月、4 月、7 月、10 月后向轨迹聚类

10）滁州市。

滁州市 2016 年轨迹及其贡献：对滁州市后向轨迹模式模拟的有效轨迹进行聚类分析，得到 3 类。1 月轨迹主要来自西北、东北、东南方向；4 月轨迹主要来自西北、东南、正东方向；7 月轨迹主要来自西北、正东、正南方向；10 月轨迹主要来自东北、正北方向（表 3-27 和图 3-22）。

表 3-27 滁州市后向轨迹聚类结果贡献分析

类别	1 月	4 月	7 月	10 月
1	16.13	48.33	45.16	59.68
2	43.55	33.33	38.71	24.19
3	40.32	18.33	16.13	16.13

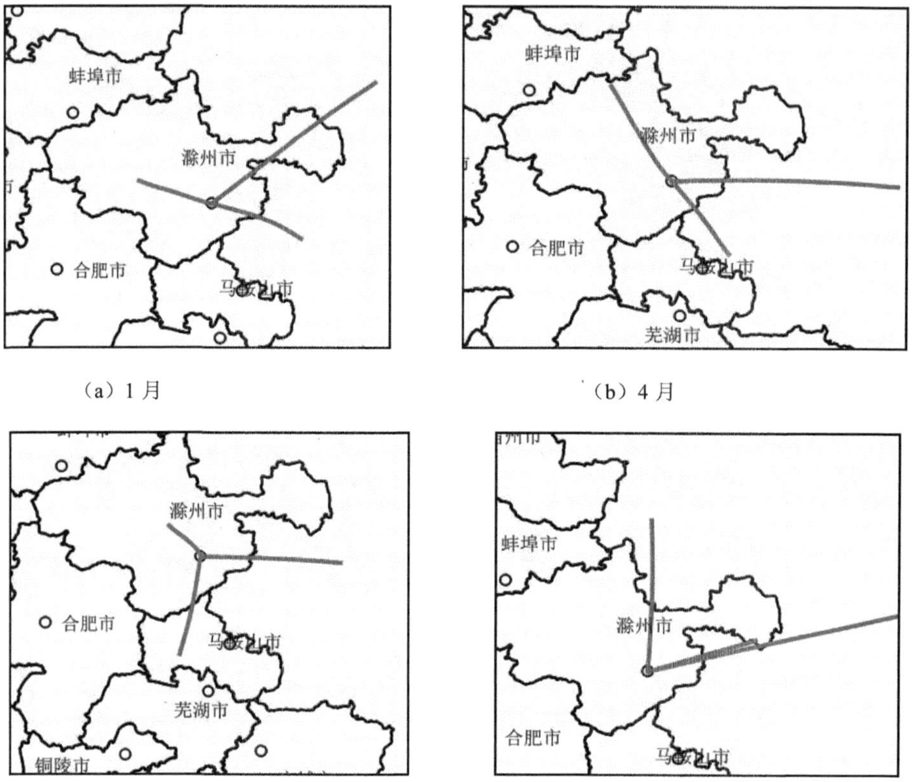

（a）1 月 （b）4 月

（c）7 月 （d）10 月

图 3-22 滁州市 1 月、4 月、7 月、10 月后向轨迹聚类

11）阜阳市。

阜阳市 2016 年轨迹及其贡献：对阜阳市后向轨迹模式模拟的有效轨迹进行聚类分析，得到 3 类。1 月轨迹主要来自西北、东北、西南方向；4 月轨迹主要来自正南、东南、西北方向；7 月轨迹主要来自西南、东南方向；10 月轨迹主要来自东北、正北方向（表 3-28 和图 3-23）。

表 3-28 阜阳市后向轨迹聚类结果贡献分析

类别	1月	4月	7月	10月
1	51.61	28.33	35.48	35.48
2	24.19	45.00	41.94	50.00
3	24.19	26.67	22.58	14.52

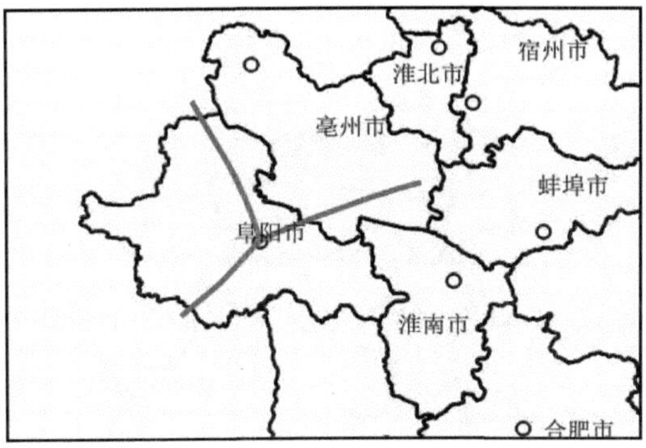

（a）1月

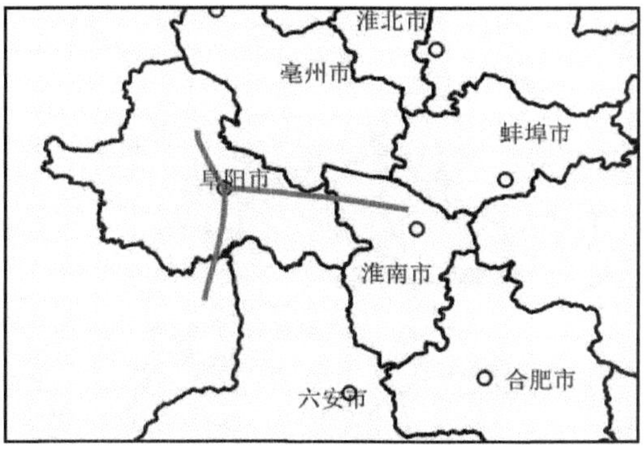

（b）4月

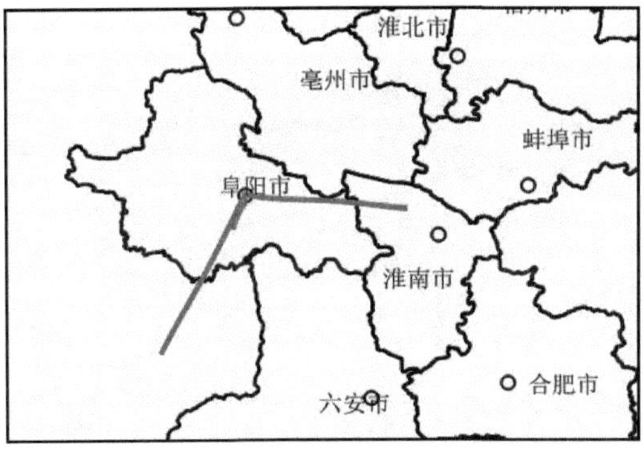

（c）7月

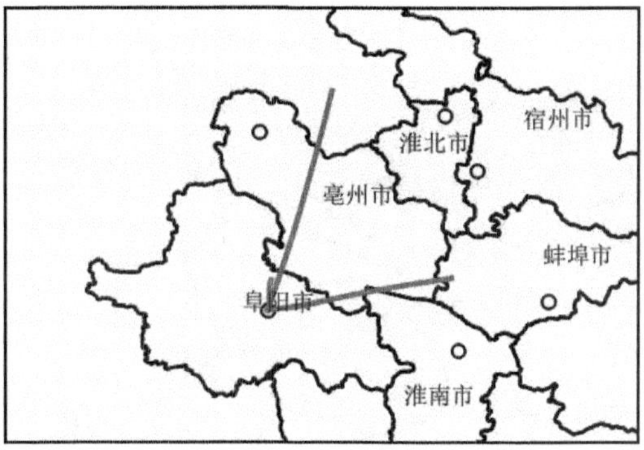

（d）10月

图 3-23 阜阳市1月、4月、7月、10月后向轨迹聚类

12）宿州市。

宿州市2016年轨迹及其贡献：对宿州市后向轨迹模式模拟的有效轨迹进行聚类分析，得到3类。1月轨迹主要来自西北、东北、西南方向；4月轨迹主要来自东北、西南、东南方向；7月轨迹主要来自东北、西南、西北方向；10月轨迹主要来自西南、西北、东南方向（表3-29和图3-24）。

表 3-29 宿州市后向轨迹聚类结果贡献分析

类别	1 月	4 月	7 月	10 月
1	24.19	21.67	48.39	35.48
2	51.61	53.33	24.19	43.55
3	24.19	25.00	27.42	20.97

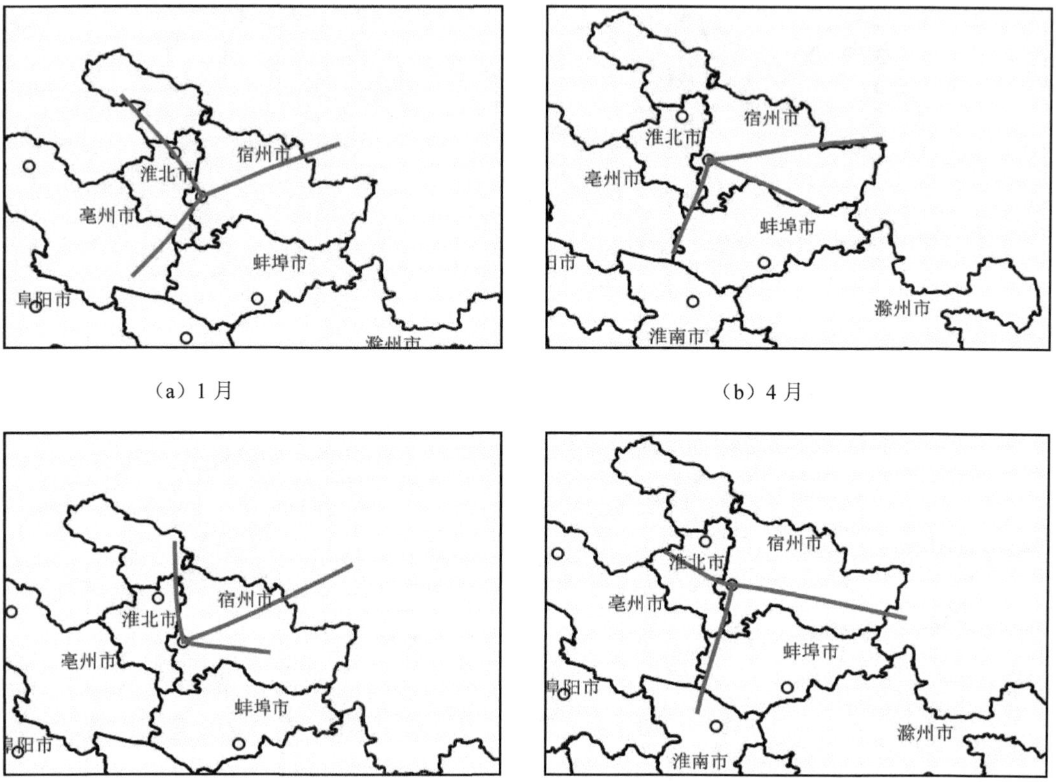

（a）1 月　（b）4 月　（c）7 月　（d）10 月

图 3-24 宿州市 1 月、4 月、7 月、10 月后向轨迹聚类

13）六安市。

六安市 2016 年轨迹及其贡献：对六安市后向轨迹模式模拟的有效轨迹进行聚类分析，得到 3 类。1 月轨迹主要来自西北、东北、西南方向；4 月轨迹主要来自东北、西北、正南方向；7 月轨迹主要来自西南、东北、正南方向；10 月轨迹主要来自东北、西北方向（表 3-30 和图 3-25）。

表 3-30 六安市后向轨迹聚类结果贡献分析

类别	1 月	4 月	7 月	10 月
1	30.65	43.33	38.71	24.19
2	40.32	38.33	35.48	61.29
3	29.03	18.33	25.81	14.25

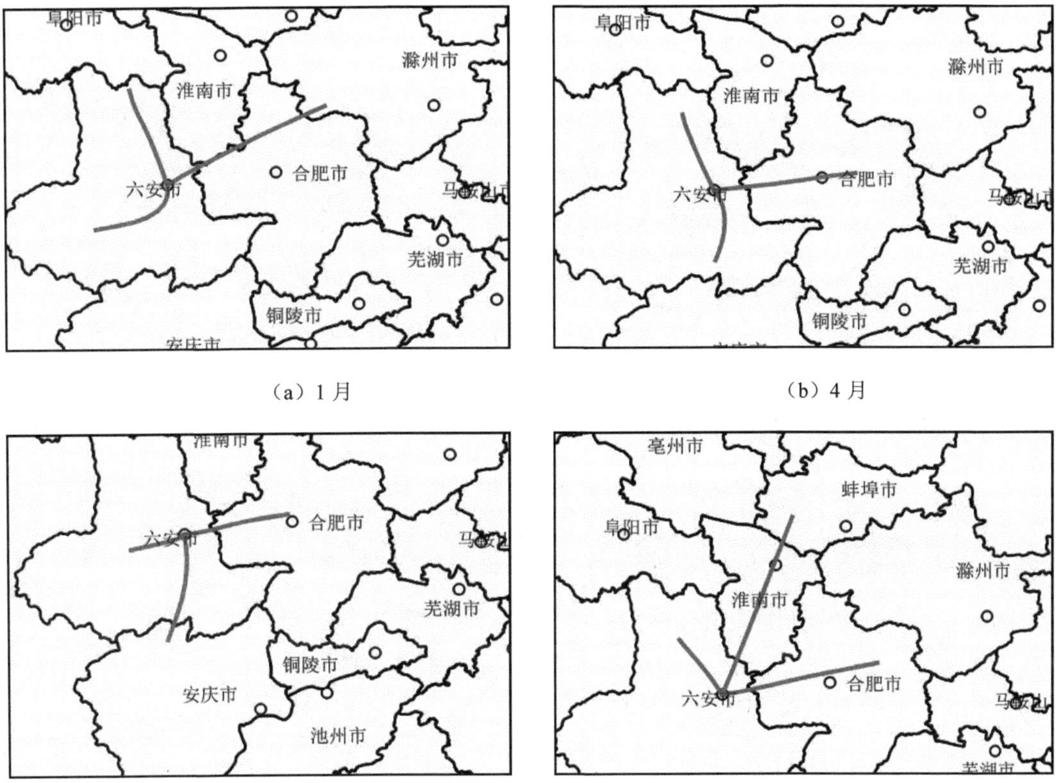

（a）1 月　（b）4 月　（c）7 月　（d）10 月

图 3-25 六安市 1 月、4 月、7 月、10 月后向轨迹聚类

14）亳州市。

亳州市 2016 年轨迹及其贡献：对亳州市后向轨迹模式模拟的有效轨迹进行聚类分析，得到 3 类。1 月轨迹主要来自正北、东北、西南方向；4 月轨迹主要来自东北、西南、东南方向；7 月轨迹主要来自东北、东南、西南方向；10 月轨迹主要来自东北、正东方向（表 3-31 和图 3-26）。

表 3-31 亳州市后向轨迹聚类结果贡献分析

类别	1 月	4 月	7 月	10 月
1	27.42	48.33	46.77	32.26
2	35.48	31.67	46.77	43.55
3	37.10	20.00	6.45	24.19

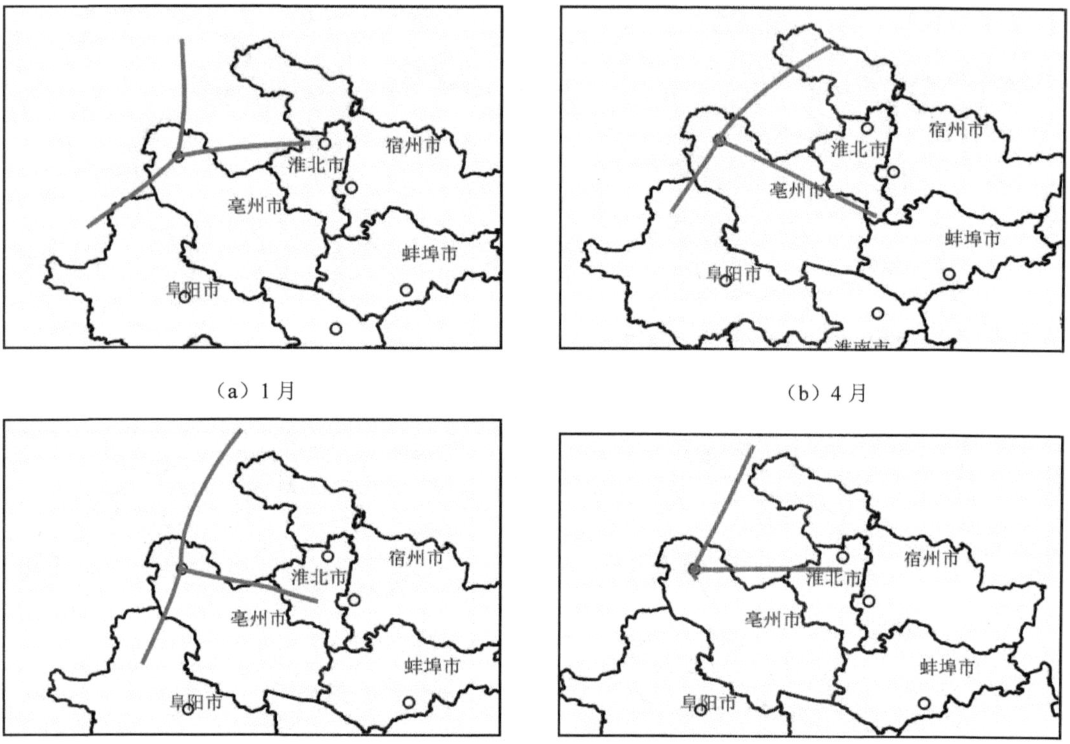

（a）1 月　（b）4 月　（c）7 月　（d）10 月

图 3-26 亳州市 1 月、4 月、7 月、10 月后向轨迹聚类

15）池州市。

池州市 2016 年轨迹及其贡献：对池州市后向轨迹模式模拟的有效轨迹进行聚类分析，得到 3 类。1 月轨迹主要来自西北、东北、西南方向；4 月轨迹主要来自西北、西南、正东方向；7 月轨迹主要来自东北、西南方向；10 月轨迹主要来自东北、正北、东南方向（表 3-32 和图 3-27）。

表 3-32　池州市后向轨迹聚类结果贡献分析

类别	1 月	4 月	7 月	10 月
1	64.52	23.33	9.68	40.32
2	24.19	50.00	27.32	32.26
3	11.29	26.67	62.90	27.42

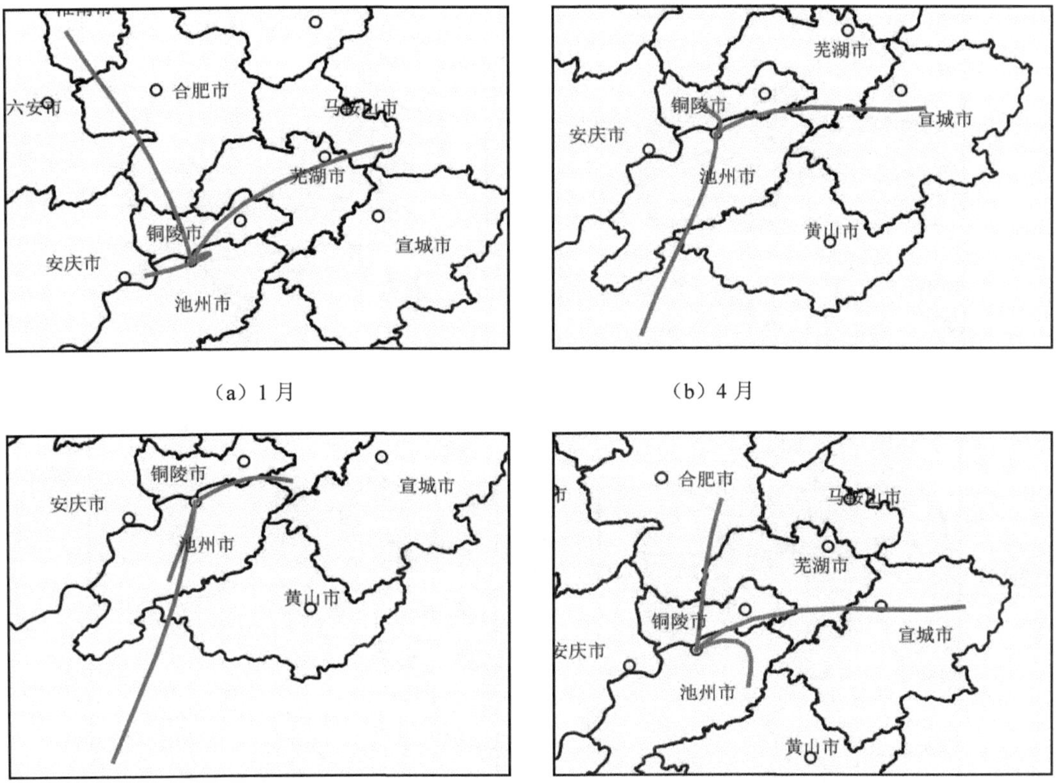

（a）1 月　（b）4 月　（c）7 月　（d）10 月

图 3-27　池州市 1 月、4 月、7 月、10 月后向轨迹聚类

16）宣城市。

宣城市 2016 年轨迹及其贡献：对宣城市后向轨迹模式模拟的有效轨迹进行聚类分析，得到 3 类。1 月轨迹主要来自西北、东北、正东方向；4 月轨迹主要来自西北、东南方向；7 月轨迹主要来自正西、正东、正南方向；10 月轨迹主要来自东北、西北、正东方向（表 3-33 和图 3-28）。

表 3-33 宣城市后向轨迹聚类结果贡献分析

类别	1 月	4 月	7 月	10 月
1	20.97	50.00	53.23	20.97
2	45.16	30.00	27.42	33.87
3	33.87	20.00	19.35	45.16

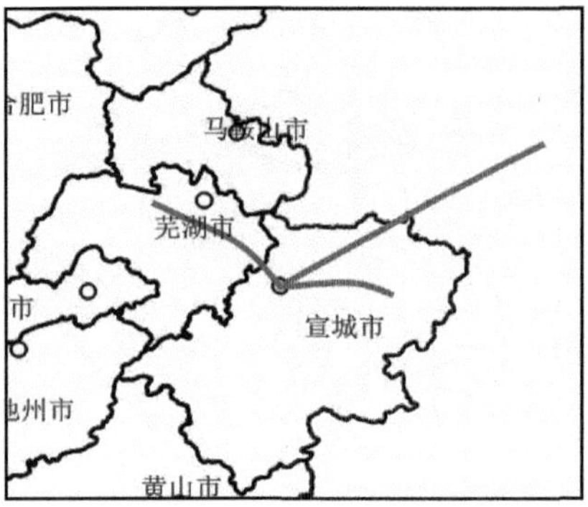

（a）1 月

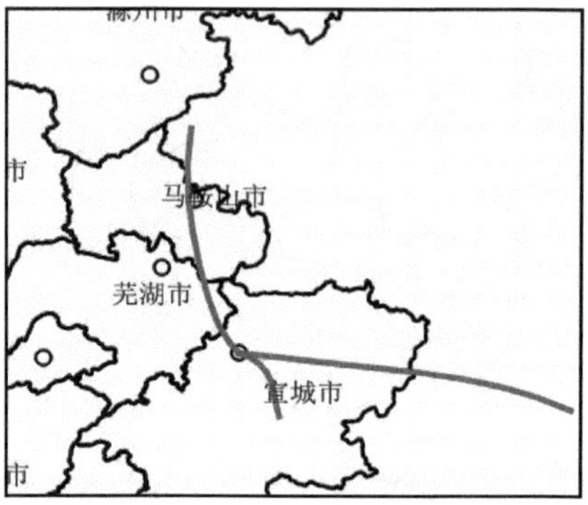

（b）4 月

（c）7 月

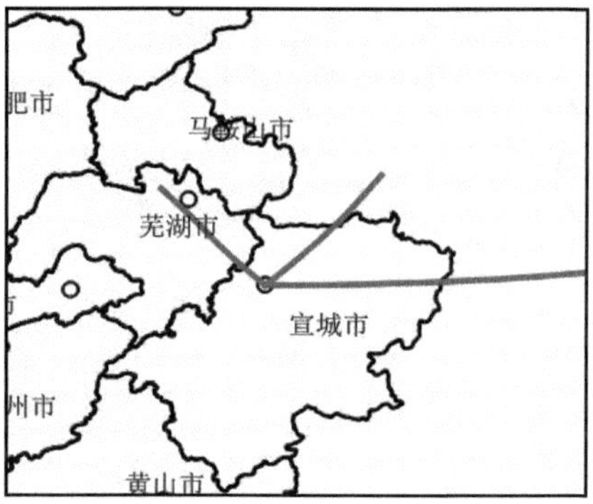

（d）10 月

图 3-28 宣城市 1 月、4 月、7 月、10 月后向轨迹聚类

17）布局敏感区确定。

利用 NCEP GDAS 全球 1°×1°数据，采用 HYSPLIT4 后向轨迹分析模型，通过对 0.03°的精细化网格进行频次分析，进一步划定以 16 个市为中心的上风向区，并识别出 16 个市布局敏感区分布（图 3-29）。

（4）受体敏感区

将环境空气二类功能区中城镇中心及集中居住、医疗、教育等区域作为受体敏感区。以乡镇城镇开发边界为依据确定受体敏感重点管控区（图 3-29）。

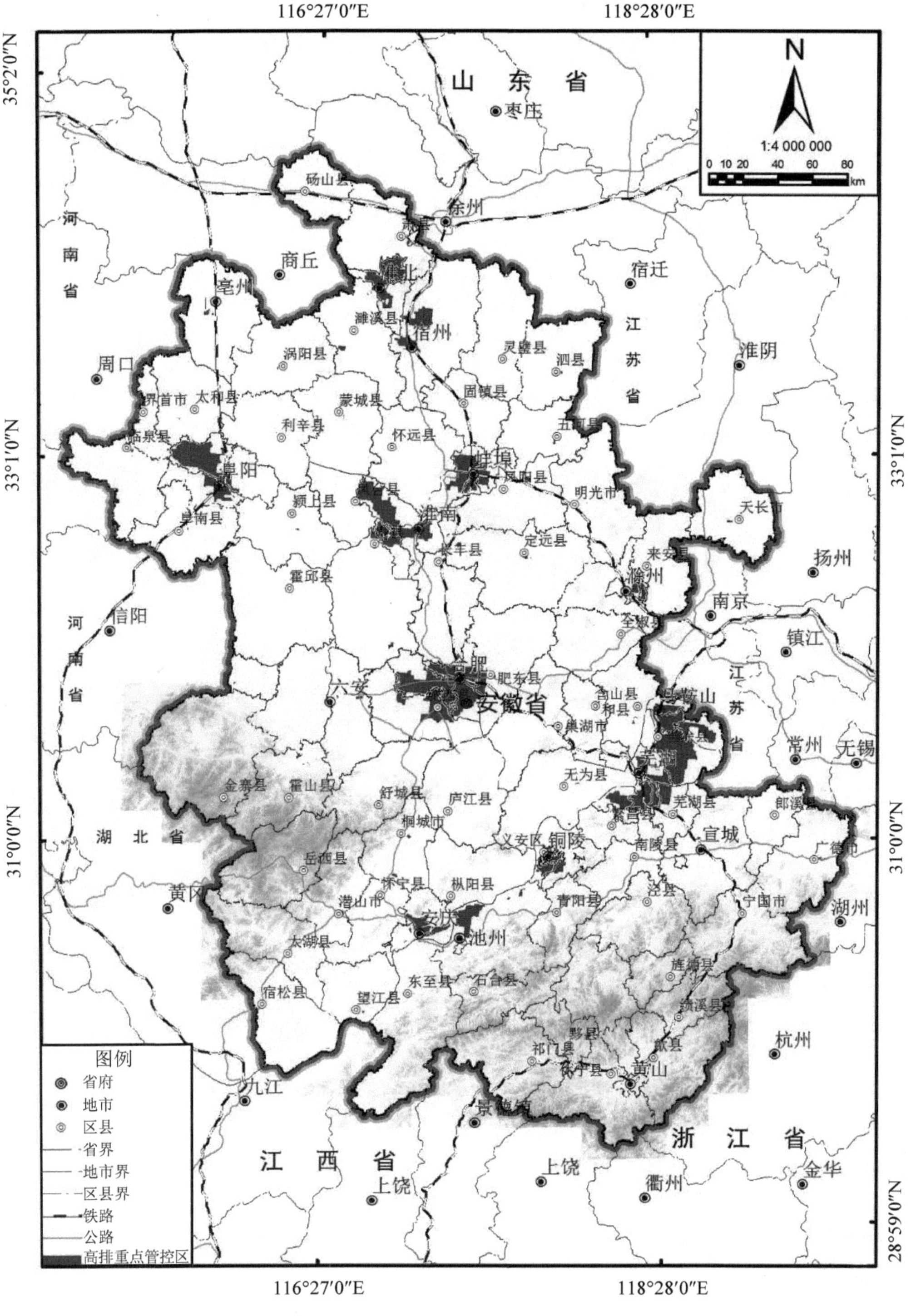

116°27′0″E
118°28′0″E
35°2′0″N
33°1′0″N
31°0′0″N
28°59′0″N
N
1:4 000 000
0 10 20 40 60 80 km
山 东 省
枣庄
砀山县
徐州
河南省
商丘
亳州
淮北
濉溪县
宿州
宿迁
江苏省
淮阴
周口
涡阳县
灵璧县
泗县
固镇县
界首市
太和县
蒙城县
利辛县
怀远县
五河县
临泉县
阜阳
蚌埠
凤阳县
颍上县
淮南
明光市
天长市
阜南县
定远县
来安县
扬州
霍邱县
滁州
南京
信阳
全椒县
镇江
合肥
肥东县
六安
安徽省
含山县
和县
巢湖市
常州
无锡
金寨县
霍山县
舒城县
庐江县
无为县
芜湖县
郎溪县
湖北省
桐城市
南陵县
宣城
广德市
义安区
铜陵
岳西县
怀宁县
枞阳县
青阳县
泾县
宁国市
湖州
黄冈
潜山市
安庆
池州
太湖县
东至县
石台县
旌德县
绩溪县
宿松县
望江县
黟县
歙县
祁门县
休宁县
黄山
杭州
九江
景德镇
浙 江 省
江 西 省
上饶
衢州
金华
图例
省府
地市
区县
省界
地市界
区县界
铁路
公路
高排重点管控区

（a）高污染物排放区

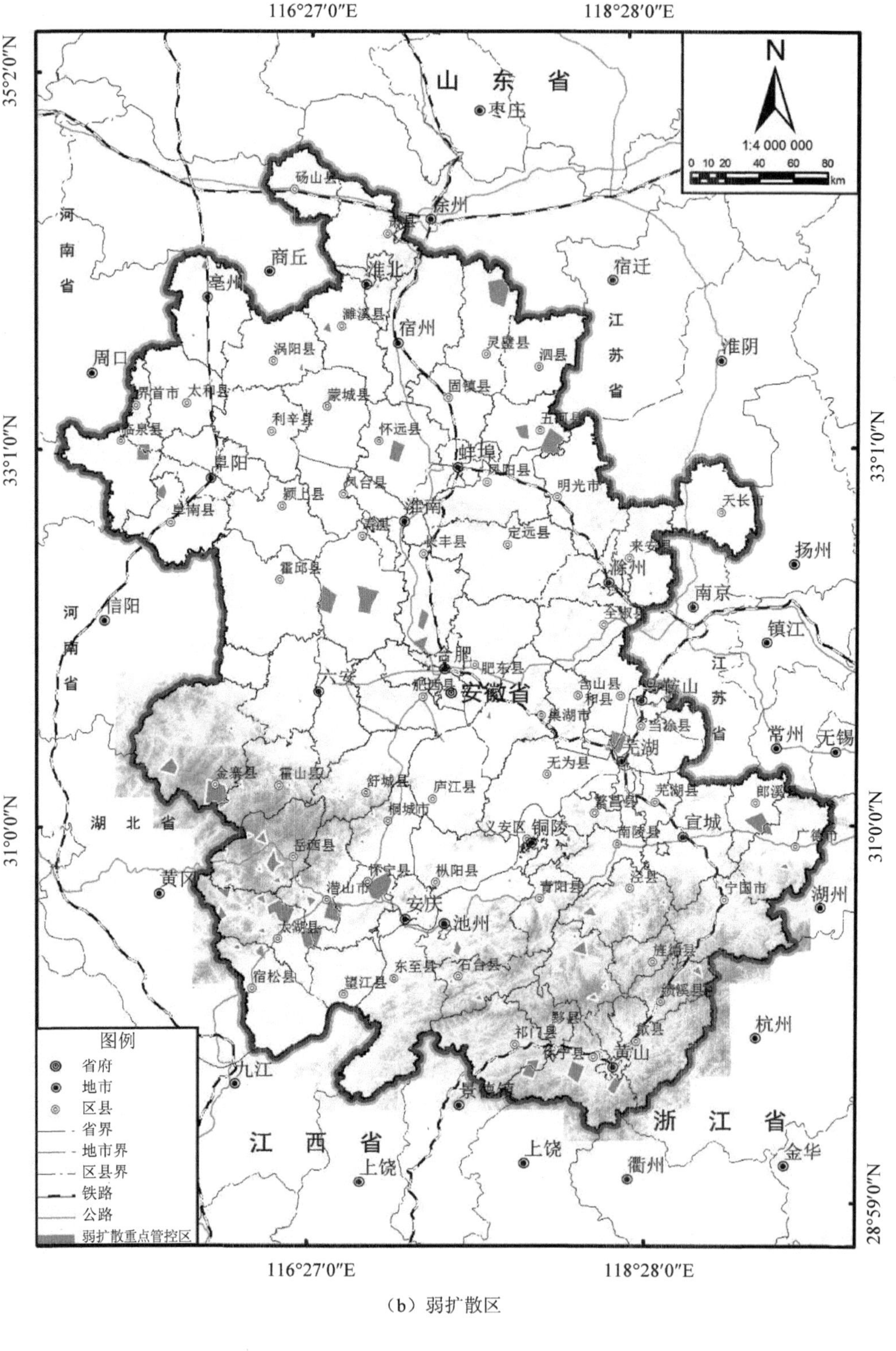
116°27′0″E
118°28′0″E
35°2′0″N
33°1′0″N
31°0′0″N
28°59′0″N
N
1:4 000 000
0 10 20 40 60 80
km
山 东 省
枣庄
徐州
河南省
商丘
亳州
淮北
宿州
宿迁
江苏省
淮阴
周口
阜阳
蚌埠
淮南
天长市
扬州
来安县
滁州
南京
镇江
信阳
合肥
肥东县
安徽省
马鞍山
当涂县
巢湖市
芜湖
常州
无锡
湖北省
金寨县
霍山县
舒城县
庐江县
无为县
芜湖县
宣城
郎溪县
铜陵
义安区
南陵县
岳西县
桐城市
怀宁县
枞阳县
潜山市
安庆
池州
青阳县
泾县
宁国市
湖州
黄冈
太湖县
宿松县
望江县
东至县
石台县
旌德县
绩溪县
黟县
祁门县
歙县
黄山
休宁县
杭州
九江
景德镇
浙江省
江西省
上饶
衢州
金华
砀山县
萧县
濉溪县
涡阳县
灵璧县
泗县
界首市
太和县
蒙城县
固镇县
利辛县
怀远县
五河县
临泉县
凤阳县
颍上县
凤台县
明光市
阜南县
寿县
长丰县
定远县
霍邱县
全椒县
六安
肥西县
含山县
和县
图例
省府
地市
区县
省界
地市界
区县界
铁路
公路
弱扩散重点管控区

（b）弱扩散区

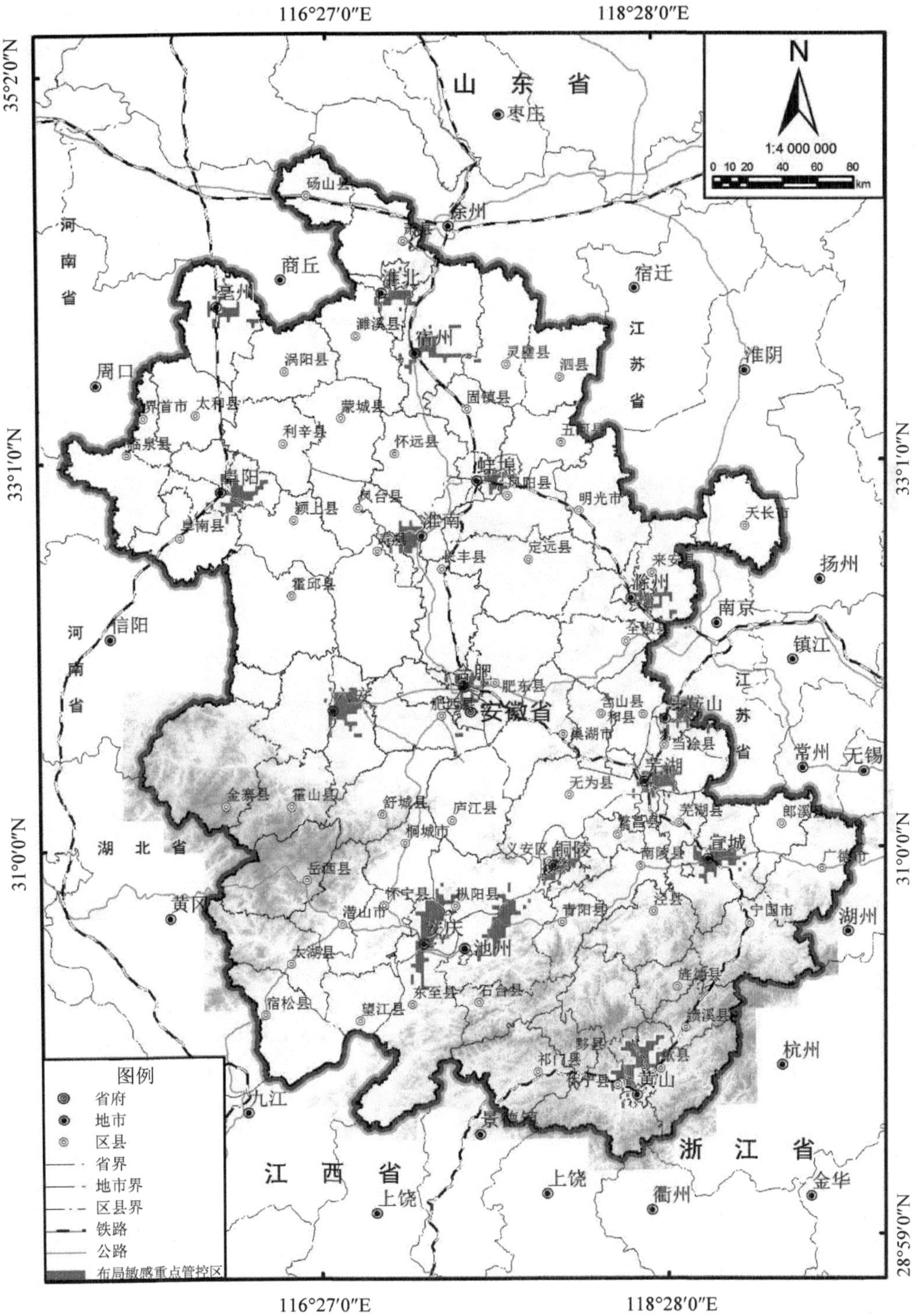
116°27′0″E
118°28′0″E
35°2′0″N
33°1′0″N
31°0′0″N
28°59′0″N
N
1:4 000 000
0 10 20 40 60 80
km
山 东 省
枣庄
砀山县
徐州
河南省
商丘
淮北
亳州
濉溪县
宿州
宿迁
江苏省
淮阴
灵璧县
泗县
涡阳县
周口
界首市
太和县
蒙城县
固镇县
利辛县
怀远县
五河县
临泉县
阜阳
蚌埠
凤阳县
凤台县
颍上县
明光市
天长市
阜南县
淮南
定远县
长丰县
扬州
霍邱县
来安县
滁州
南京
信阳
河南省
镇江
合肥
肥东县
六安
安徽省
含山县
和县
马鞍山
巢湖市
当涂县
江苏省
常州
无锡
芜湖
无为县
金寨县
霍山县
舒城县
庐江县
芜湖县
郎溪县
湖北省
桐城市
繁昌县
宣城
岳西县
义安区
铜陵
南陵县
黄冈
怀宁县
枞阳县
潜山市
青阳县
泾县
宁国市
湖州
安庆
池州
太湖县
东至县
石台县
宿松县
望江县
绩溪县
杭州
黟县
祁门县
歙县
休宁县
黄山
九江
浙 江 省
江 西 省
上饶
上饶
衢州
金华
图例
省府
地市
区县
省界
地市界
区县界
铁路
公路
布局敏感重点管控区

（c）布局敏感区

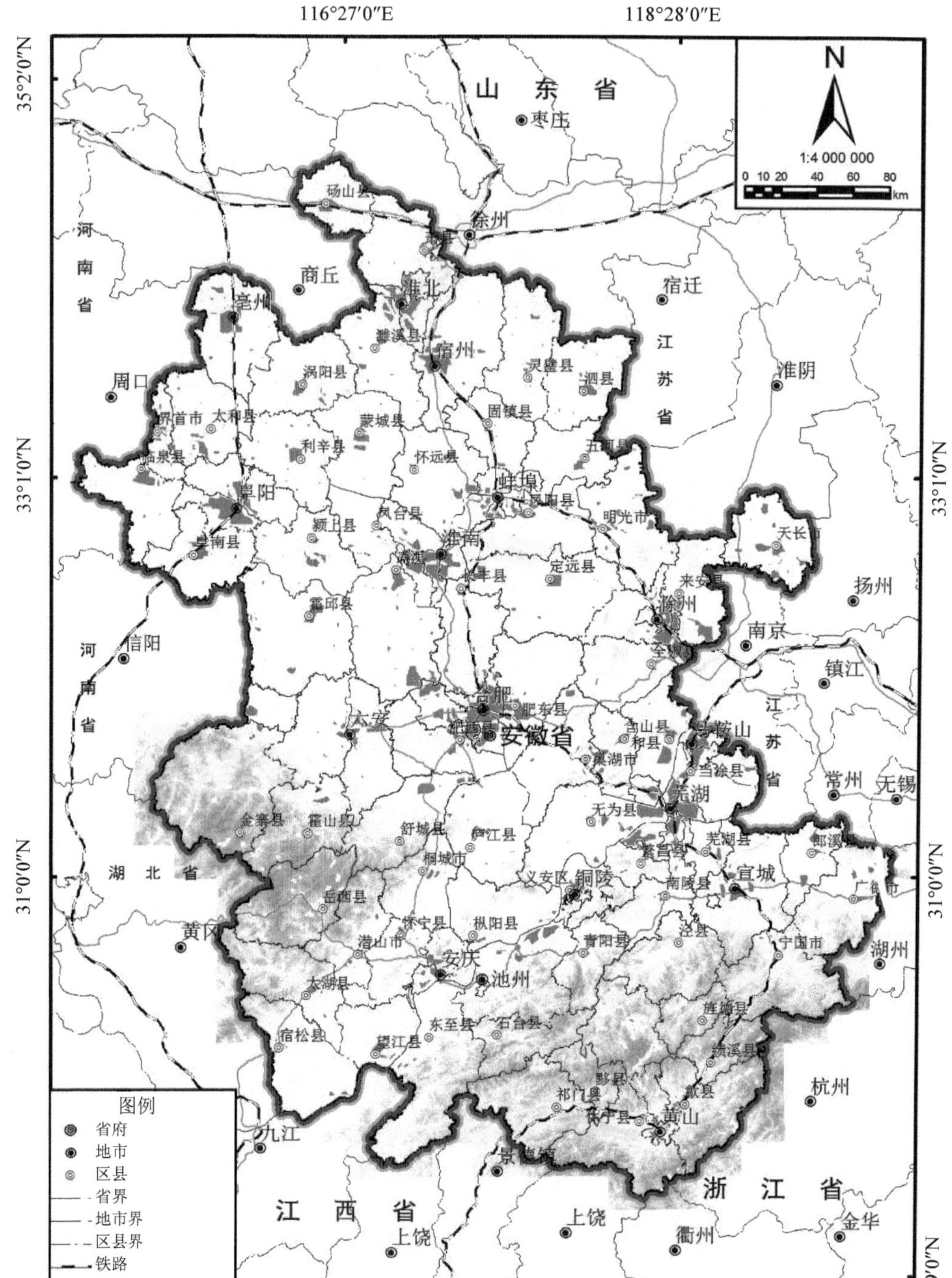

（d）受体敏感区

图 3-29 安徽省大气重点管控区识别成果

（5）重点管控区划定

高排放区、弱扩散区、布局敏感区和受体敏感区叠加取并集后为大气重点管控区。全省共划定大气重点管控区 656 个，占全省国土面积的 16.07%。

3.2.5.3　一般管控区

除优先保护区和重点管控区以外的区域为一般管控区。全省共划定大气一般管控区 105 个，占全省国土面积的 77.32%。

3.2.5.4　大气环境管控分区划定成果

安徽省共划定 1 043 个大气管控区，其中优先保护区 282 个，面积 9 265.30 km^2，占全省国土面积的 6.61%；重点管控区 656 个，面积 22 521.45 km^2，占全省国土面积的 16.07%；一般管控区 105 个，面积 108 387.64 km^2，占全省国土面积的 77.32%（表 3-34 和图 3-30）。

表 3-34　大气管控分区划定结果

行政区	总面积/km^2	优先保护			重点管控			一般管控		
		个数	面积/km^2	占比/%	个数	面积/km^2	占比/%	个数	面积/km^2	占比/%
合肥市	11 445.74	18	1 509.95	13.19	61	2 406.63	21.03	9	7 529.16	65.78
芜湖市	6 027.93	14	162.33	2.69	59	1 410.15	23.39	8	4 455.45	73.92
蚌埠市	5 949.91	6	145.75	2.45	38	1 245.99	20.94	7	4 558.17	76.61
淮南市	5 532.43	17	126.48	2.29	39	1 606.3	29.03	7	3 799.65	68.68
马鞍山市	4 050.89	11	245.26	6.05	50	1 405.19	34.69	6	2 400.44	59.26
淮北市	2 741.12	5	13.66	0.50	38	743.13	27.11	4	1 984.33	72.39
铜陵市	2 967.63	14	443.08	14.93	33	686.53	23.13	4	1 838.02	61.94
安庆市	13 526.32	28	1 964.67	14.52	64	1 914.44	14.15	10	9 647.2	71.33
黄山市	9 681.27	37	1 120.18	11.57	42	1 053.76	10.88	7	7 507.34	77.55
滁州市	13 520.27	20	521.86	3.86	50	1 786.29	13.21	8	11 212.12	82.93
阜阳市	10 118.52	8	280.17	2.77	46	2 079.9	20.56	8	7 758.45	76.67
宿州市	9 938.61	15	272.73	2.74	23	1 574.95	15.85	5	8 090.93	81.41
六安市	15 461.16	41	909.11	5.88	35	1 439	9.31	7	13 113.05	84.81
亳州市	8 522.72	0	0	0.00	22	1 085.2	12.73	4	7 437.53	87.27
池州市	8 367.36	22	1 005.85	12.02	22	931.2	11.13	4	6 430.3	76.85
宣城市	12 322.5	26	544.22	4.42	34	1 152.81	9.36	7	10 625.47	86.22
全省	140 174.39	282	9 265.3	6.61	656	22 521.45	16.07	105	108 387.64	77.32

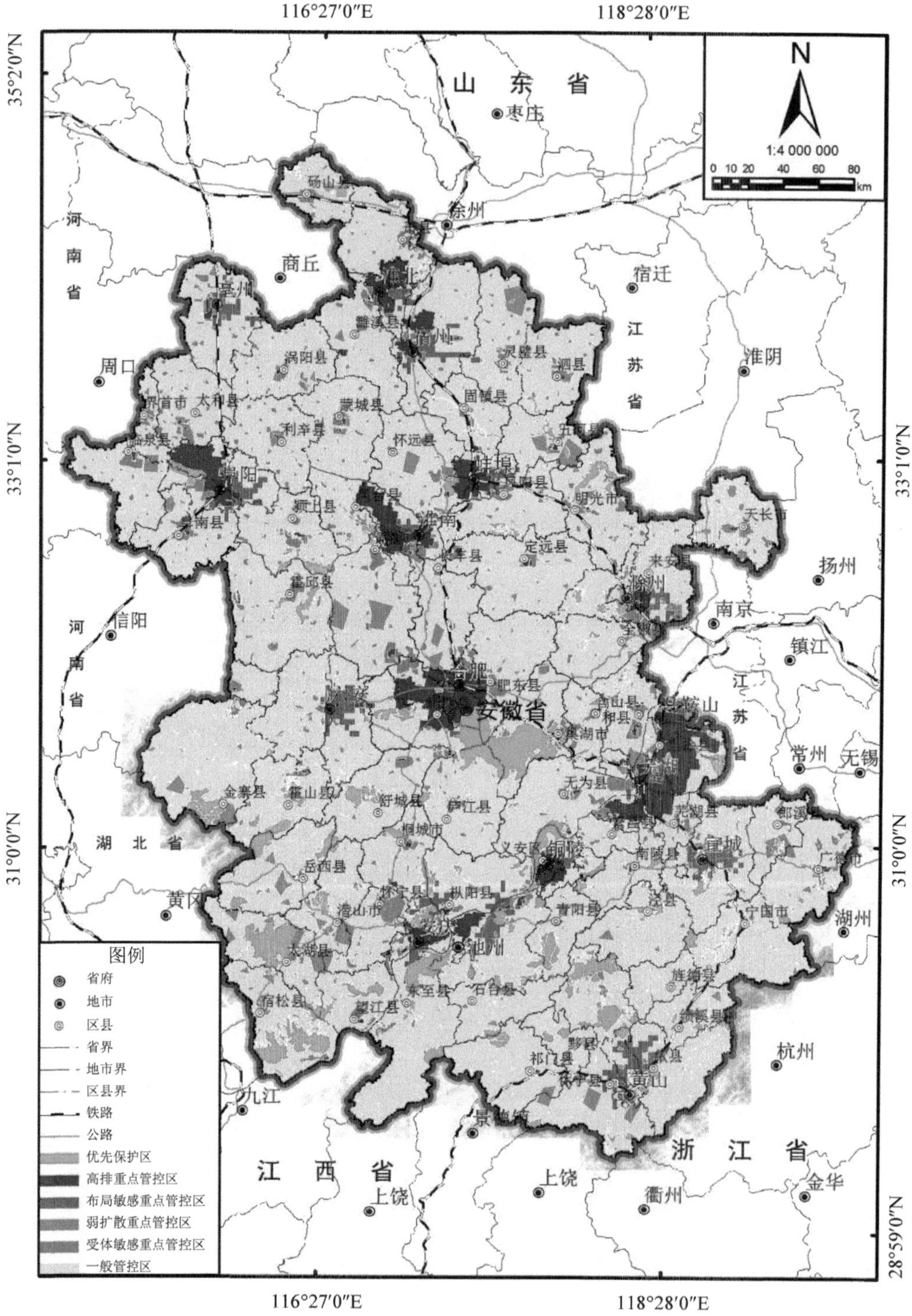

图 3-30 安徽省大气重点管控区

3.3 土壤环境质量底线与分区

3.3.1 土壤环境质量现状

根据《安徽省土壤污染状况调查报告》及目前掌握的相关资料分析表明，安徽省土壤环境质量总体良好，受污染的范围较小。

全省土壤无机污染物超标率为 7.47%，多为轻微污染，较少点位为轻度污染，极少点位达到中度污染。有机物超标点位占总点位的 0.26%，且属于轻微污染和轻度污染。

从分布来看，江淮淮北平原生态区和皖西大别山生态区土壤基本无污染；江淮丘陵岗地生态区土壤无机污染物超标较少；沿江平原生态区和皖南山地丘陵生态区土壤无机污染物存在超标，镉、钒、铜和镍超标率超过 2%；有机污染物超标主要局限在沿江平原生态区和皖南山地丘陵生态区，污染程度轻。

安徽省重点区域的污染主要集中在重污染企业及周边地区、采矿区及周边地区、工业企业遗留或遗弃场地、工业（园）区及周边等地区。总体而言，安徽省重点区域土壤中主要超标元素有镉、铜、钒、铅和镍，超标率在 7.46%～15.88%。元素砷、硒、锌、氟、汞、锰和铬超标较少。土壤六六六、PCB 均不超标。

3.3.2 土壤环境质量目标

根据《安徽省土壤污染防治工作方案》要求确定，到 2020 年，全省土壤污染趋势得到初步遏制，土壤环境质量总体保持稳定，农用地和建设用地土壤环境安全得到基本保障，受污染耕地安全利用率达到 94%左右，污染地块安全利用率达到 90%以上。

3.3.3 土壤环境风险防控分区

土壤环境风险防控分区包括优先保护区、重点防控区和一般防控区。

（1）优先保护区

将永久基本农田作为土壤优先保护区。安徽省共划分了 105 个土壤优先保护区，占全省国土面积的 37.26%。

（2）重点防控区

将涉重企业、石化、焦化、化工等涉有机物企业、涉危险废物经营企业及相应企业所在开发区或区域作为重点防控区。

1）重金属污染风险重点防控区。《重金属污染防治“十二五”规划》将安徽省阜阳市下属的界首市、太和县以及铜陵市下属的义安区、铜官区部分区域划定为重金属污染风险重点防控区域。经过“十二五”期间的不懈努力，安徽省基本完成了重金属污染防治考核目标。考虑到重金属污染防治工作的长期性和复杂性，“十三五”期间，仍将这 4 个重金属防控区域作为重金属污染风险重点防控区域，实施严格管控。

2）农用地污染风险防控区。根据目前掌握的土壤环境数据，安徽省内农用地土壤质量总体较好，目前有 5 个农用地地块存在土壤污染，本次将其划分为农用地土壤环境风险重点防控区域。

3）建设用地污染风险防控区。结合工业园区（集聚区）、土壤污染重点监管企业名单筛选涉及有色金属冶炼、石油加工、化工、焦化、电镀、制革等行业生产经营活动，以及危险废物贮存、利用、处置活动的用地，初步识别出疑似污染地块，将其作为土壤环境风险重点防控区。

安徽省共划定 91 个土壤环境风险重点防控区，占全省国土面积的 2.20%。

（3）一般防控区

除优先保护区和重点防控区以外的区域划定为一般防控区，共划定一般防控区 104 个，占全省国土面积的 60.54%。

（4）土壤环境风险防控区

安徽省共划定 300 个土壤环境风险防控区。其中优先保护区 105 个，面积 52 233.68 km^2，占全省国土面积的 37.26%；重点防控区 91 个，面积 3 079.05 km^2，占全省国土面积的 2.20%；一般防控区 104 个，面积 84 861.66 km^2，占全省国土面积的 60.54%（表 3-35 和图 3-31）。

表 3-35　土壤环境风险防控区划定成果

行政区	辖区面积/km^2	优先保护区			重点防控区			一般防控区		
		个数	面积/km^2	占比/%	个数	面积/km^2	占比/%	个数	面积/km^2	占比/%
合肥市	11 445.74	9	4 952.55	43.27	8	111.95	0.98	9	6 381.24	55.75
芜湖市	6 027.93	8	2 317.57	38.45	8	232.23	3.85	8	3 478.13	57.70
蚌埠市	5 949.91	7	3 377.14	56.76	6	143.76	2.42	7	2 429.02	40.82
淮南市	5 532.43	7	2 896.28	52.35	4	127.39	2.30	7	2 508.77	45.35
马鞍山市	4 050.89	6	1 543.67	38.11	5	129.02	3.18	6	2 378.2	58.71
淮北市	2 741.12	4	1 447.51	52.81	3	94.52	3.45	4	1 199.08	43.74
铜陵市	2 967.63	4	811.01	27.33	9	749.96	25.27	3	1 406.66	47.40
安庆市	13 526.32	10	3 366.85	24.89	7	78.97	0.58	10	10 080.5	74.53
黄山市	9 681.27	7	644.46	6.66	4	130.79	1.35	7	8 906.03	91.99
滁州市	13 520.27	8	6 402.79	47.36	10	641.02	4.74	8	6 476.46	47.90
阜阳市	10 118.52	8	5 790.52	57.23	10	209.08	2.07	8	4 118.92	40.70
宿州市	9 938.61	5	5 101.54	51.33	2	100.96	1.02	5	4 736.12	47.65
六安市	15 461.16	7	4 687.52	30.32	4	24.54	0.16	7	10 749.1	69.52
亳州市	8 522.72	4	5 386.33	63.20	1	17.61	0.21	4	3 118.79	36.59
池州市	8 367.36	4	1 221.19	14.59	3	60.61	0.72	4	7 085.55	84.69
宣城市	12 322.5	7	2 286.74	18.56	7	226.65	1.84	7	9 809.11	79.60
全省	140 174.39	105	52 233.68	37.26	91	3 079.05	2.20	104	84 861.66	60.54

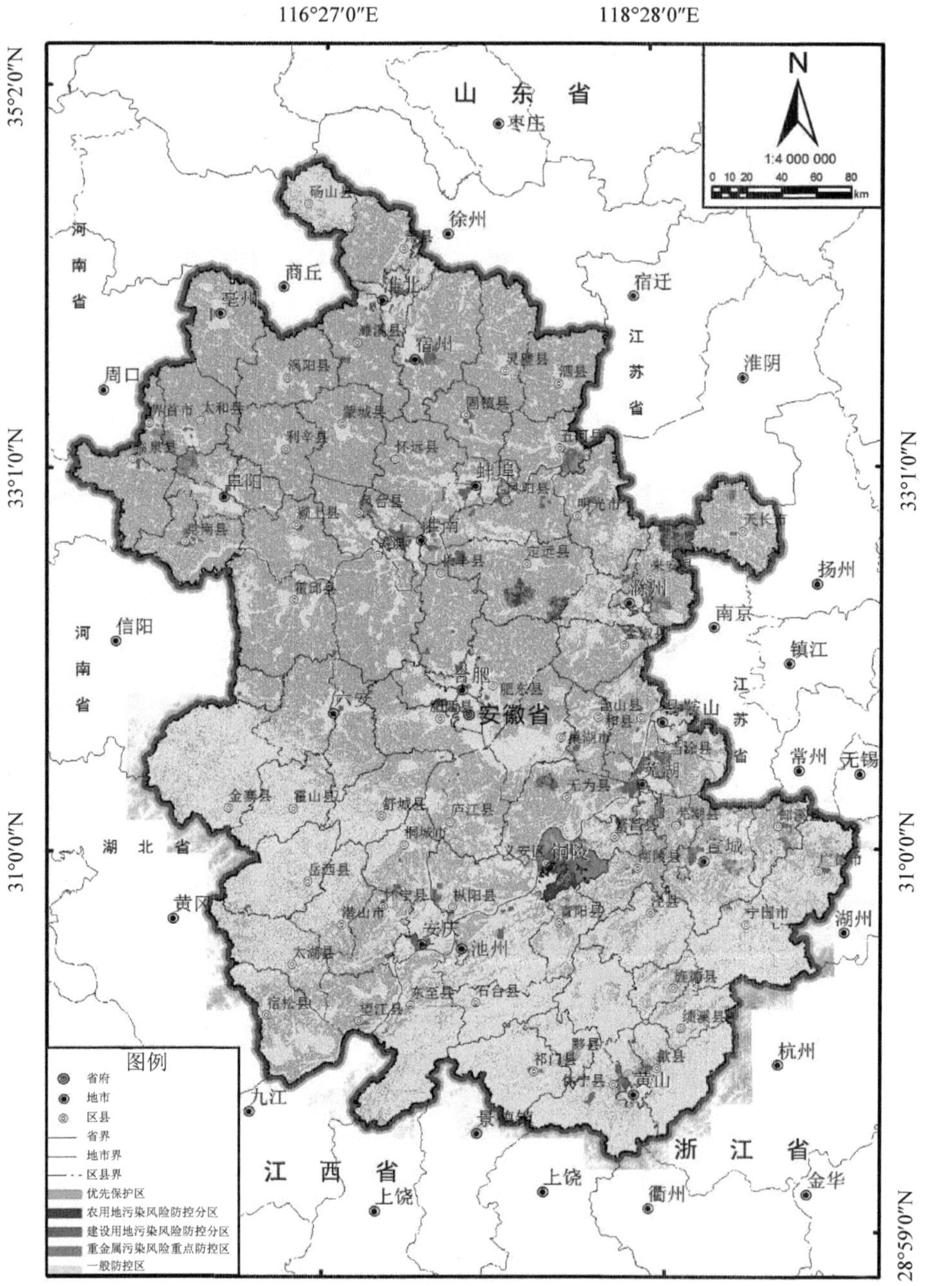

图 3-31 安徽省土壤环境风险防控区分布

第 4 章　资源利用上线与分区

4.1　水资源利用上线与分区

4.1.1　水资源数量

（1）降水量

全省多年平均（1956—2000 年系列）降水量 1 175 mm，折合水量 1 638.3 亿 m^3。20 世纪 50—90 年代全省年平均降水量分别为 1 193 mm、1 118 mm、1 153 mm、1 209 mm、1 210 mm。各行政分区多年平均降水深为 825～1 819 mm，降水量最大的是黄山市、最小的是淮北市（图 4-1）。

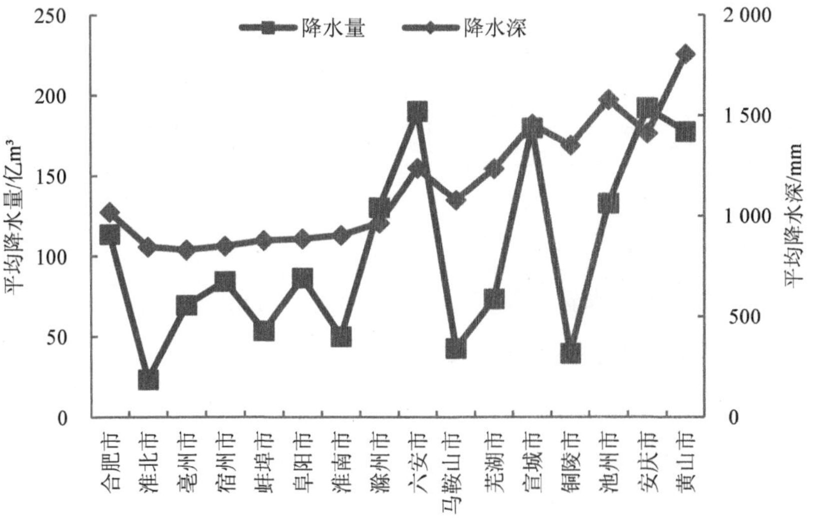

图 4-1　安徽省各市多年平均降水量和降水深对比

（2）地表水资源量

全省多年平均地表水资源量（天然径流量）为 651.9 亿 m^3，折合径流深为 467 mm，径流系数 0.40。淮河流域径流量 175.78 亿 m^3，占全省天然径流量的 27%；长江流域径流量 406.91 亿 m^3，占全省天然径流量的 62.4%；新安江流域径流量 69.24 亿 m^3，仅占全省天然径流量的 10.6%（表 4-1）。

表 4-1 安徽省同期行政分区年地表水资源量

行政分区	年降水量		地表水资源量		
	降水深/mm	降水量/亿 m^3	径流深/mm	径流量/亿 m^3	占全省比例/%
合肥市	1 019	113.5	305	33.99	5.2
淮北市	845	23.2	145	3.98	0.6
亳州市	830	69.5	145	12.15	1.9
宿州市	849	84.4	155	15.36	2.4
蚌埠市	877	53.5	213	12.99	2.0
阜阳市	885	86.5	191	18.66	2.9
淮南市	903	49.9	237	13.08	2.0
滁州市	964	130.1	275	37.09	5.7
六安市	1 238	190.0	552	84.76	13.0
马鞍山市	1 080	42.6	417	16.47	2.5
芜湖市	1 234	73.4	524	31.18	4.8
宣城市	1 456	179.7	739	91.19	14.0
铜陵市	1 351	39.5	616	18.00	2.8
池州市	1 577	132.9	807	67.98	10.4
安庆市	1 412	192.1	666	90.56	13.9
黄山市	1 806	177.5	1063	104.48	16.0
全省	1 174.6	1 638.3	467	651.93	100.0

（3）浅层地下水资源量

全省多年平均浅层地下水资源量 191.33 亿 m^3，如扣除与地表水资源量重复计算量（127.15 亿 m^3），则为 64.18 亿 m^3（表 4-2）。

（4）水资源总量

根据全省第二次水资源调查评价成果，全省多年平均（1956—2000 年）水资源总量 716.11 亿 m^3，其中地表水资源量 651.93 亿 m^3，占水资源总量的 91.04%；地下水资源量 64.18 亿 m^3（不含与地表水资源量重复计算量），占水资源总量的 8.96%（表 4-3）。

表 4-2　行政分区多年平均地下水资源量计算成果

行政分区	计算面积/ km^2	地下水资源量/亿 m^3	地下水资源量模数/（m^3/km^2）	地表与地下重复计算量/亿 m^3
合肥市	10 046	9.79	8.78	1.19
淮北市	2 424	4.21	15.36	3.66
亳州市	7 524	13.74	16.41	10.64
宿州市	8 947	16.38	16.48	12.70
蚌埠市	5 244	9.62	15.76	6.06
阜阳市	8 480	16.19	16.56	12.11
淮南市	4 811	7.17	12.96	3.09
滁州市	13 159	11.45	8.48	2.16
六安市	14 798	22.68	14.77	1.76
马鞍山市	3 298	4.90	12.42	1.89
芜湖市	5 084	8.33	14.00	3.20
宣城市	11 951	15.95	12.92	1.14
铜陵市	2 533	3.82	13.08	1.04
池州市	8 161	12.50	14.83	0.55
安庆市	12 247	18.01	13.24	2.84
黄山市	9 829	16.61	16.90	0.14
全省	128 537	191.33	13.72	64.18

表 4-3　安徽省行政分区水资源量成果　　单位：亿 m^3

行政分区	降水量	地表水资源量	地下水资源量	地下水与地表水资源不重复量	水资源总量
合肥市	113.55	33.99	9.79	1.19	35.18
淮北市	23.16	3.98	4.21	3.66	7.64
亳州市	69.54	12.15	13.74	10.64	22.79
宿州市	84.37	15.36	16.38	12.70	28.06
蚌埠市	53.52	12.99	9.62	6.06	19.05
阜阳市	86.50	18.66	16.19	12.11	30.77
淮南市	49.93	13.08	7.17	3.09	16.18
滁州市	130.13	37.09	11.45	2.16	39.25
六安市	189.98	84.76	22.68	1.76	86.52
马鞍山市	42.62	16.47	4.90	1.89	18.36
芜湖市	73.41	31.18	8.33	3.20	34.38
宣城市	179.66	91.19	15.95	1.14	92.32
铜陵市	39.47	18.00	3.82	1.04	19.04
池州市	132.89	67.98	12.50	0.55	68.54
安庆市	192.08	90.56	18.01	2.84	93.40
黄山市	177.51	104.48	16.61	0.14	104.62
全省	1 638.32	651.93	191.33	64.18	716.11

全省多年平均人均水资源占有量为 1 145 m^3，每亩耕地水资源占有量为 814 m^3，其中淮河流域、长江流域、新安江流域人均水资源占有量分别为 675 m^3、1 691 m^3、6 203 m^3；淮河流域、长江流域、新安江流域每亩耕地水资源占有量分别为 415 m^3、1 390 m^3、6 579 m^3。多年平均人均水资源占有量最大的为黄山市 7 560 m^3、最小的为淮北市 343 m^3。多年平均每亩耕地水资源占有量最大的为黄山市 10 129 m^3、最小的为亳州市 254 m^3（表 4-4）。

表 4-4 安徽省行政分区人均及亩均水资源占有量

行政分区	水资源总量/亿 m^3	人口/万人	耕地/万亩	人均水资源占有量/（m^3/人）	亩均水资源占有量/（m^3/亩）
合肥市	35.18	796.5	841.28	442	418
淮北市	7.64	222.8	252.27	343	303
亳州市	22.79	516.9	898.73	441	254
宿州市	28.06	565.7	857.13	496	327
蚌埠市	19.05	337.7	566.03	564	337
阜阳市	30.77	809.3	975.09	380	316
淮南市	16.18	348.7	512.02	464	316
滁州市	39.25	407.6	1 073.7	963	366
六安市	86.52	480	779.7	1 803	1 110
马鞍山市	18.36	230.2	262.74	798	699
芜湖市	34.38	369.6	402.35	930	855
宣城市	92.32	261.4	346.65	3 532	2 663
铜陵市	19.04	160.8	128.56	1 184	1 481
池州市	68.54	144.9	207.62	4 730	3 301
安庆市	93.40	464.3	587.3	2 012	1 590
黄山市	104.62	138.4	103.29	7 560	10 129
全省	716.11	6 254.80	8 794.46	1 145	814

安徽省水资源相对紧缺，人均与亩均水资源占有量少。全省人均水资源占有量为全国平均的 52%，为全球平均的 12%；亩均水资源占有量为全国平均的 42%，为全球平均的 8%。特别是淮北平原地区人均水资源占有量仅为全国平均的 21%，为全球平均的 5%；亩均水资源占有量仅为全国平均的 15%，为全球平均的 3%。

（5）出入境水量

安徽省位于淮河中游、长江下游及钱塘江上游地区，与江苏、浙江、江西、湖北、河南、山东等省接壤，由于水系相连，各流域之间有大量的水量交换。安徽省多年平均入境水量为 8 951.5 亿 m^3，出境水量为 9 530.3 亿 m^3。最大出入境水量出现在 1998 年，入境水量为 12 491 亿 m^3，出境水量为 13 376 亿 m^3；最小出入境水量出现在 1978 年，入境水量 6 774 亿 m^3，出境水量 6 886 亿 m^3。

淮河流域入境水量 168.3 亿 m^3，占全省入境水量的 1.9%，主要来自河南省；出境水量 323.69 亿 m^3，占全省出境水量的 3.4%。长江流域入境水量 8 783.2 亿 m^3，占全省入境水量的 98.1%；出境水量 9 138.6 亿 m^3，占全省出境水量的 95.9%，其中进入江苏省 9 112.91 亿 m^3，进入江西省 25.69 亿 m^3。新安江流域无入境水，出境水量等于其实测径流量 67.98 亿 m^3，流进浙江省。受上游和本省降雨影响，长江、新安江流域的出入境水量不同年之间略有变化，总体较为稳定；淮河流域随上游水资源开发利用程度的提高，出入境水量年代变化呈现下降趋势。

4.1.2　水资源可利用数量

（1）地表水资源可利用量

地表水资源可利用量是指在可预见的时期内，在统筹考虑河道内生态环境和其他用水的基础上，通过经济合理、技术可行的措施，可供河道外生活、生产、生态用水的一次性最大水量（不包括回归水的重复利用），是从资源的角度分析可能被消耗利用的水资源量。地表水可利用量为宏观数据，以流域水系为计算单元。

根据全省第二次水资源调查评价结果，全省多年平均水资源可利用量为 326.63 亿 m^3，其中长江流域 200.99 亿 m^3，淮河流域 118.22 亿 m^3，新安江流域 7.42 亿 m^3。

（2）地下水可开采量

根据全省第二次水资源调查评价结果，安徽省浅层地下水主要分布在淮河以北地区的平原区，涉及阜阳、亳州、宿州、淮北、蚌埠和淮南 6 市。全省多年平均地下水可开采量为 42.09 亿 m^3，其中，阜阳市地下水可开采量最大，为 11.44 亿 m^3；淮南市地下水可开采量最小，为 2.10 亿 m^3。

（3）水资源可利用总量

水资源可利用总量等于地表水可利用量与浅层地下水可开采量之和再扣除两者之间重复计算量。两者之间的重复计算量主要是平原区浅层地下水的渠系渗漏和田间入渗补给量的开采利用部分。根据全国第二次水资源调查评价结果，全省多年平均水资源可利用量为 326.63 亿 m^3，其中长江流域 200.99 亿 m^3，淮河流域 118.22 亿 m^3，新安江流域 7.42 亿 m^3（表 4-5）。

表 4-5 安徽省多年平均水资源分区水资源可利用量 单位：亿 m^3

流域	分区	地表水资源可利用量	地下水资源可利用量	重复量	水资源可利用总量
长江流域	江北	78.01			78.01
	江南	122.98			122.98
	小计	200.99			200.99
淮河流域	淮北	22.34	37.32	3.42	56.24
	淮南	57.69	4.77	0.48	61.98
	小计	80.03	42.09	3.90	118.22
新安江流域		7.42			7.42
全省合计		288.44	42.09	3.90	326.63

4.1.3 水资源开发利用现状评价

（1）供水量

1）现状供水量。依据《2017 年安徽省水资源公报》，2017 年全省供水总量 290.30 亿 m^3。其中地表水源供水量 256.53 亿 m^3，占总供水量的 88.4%；地下水源供水量 30.80 亿 m^3，占总供水量的 10.6%；其他水源供水量 2.97 亿 m^3，占总供水量的 1.0%。地表水源按供水形式分为蓄水、引水、提水，各类供水量分别为 112.18 亿 m^3、38.11 亿 m^3、100.18 亿 m^3。安徽省境内长江流域从淮河流域跨流域调水 6.06 亿 m^3（图 4-2）。

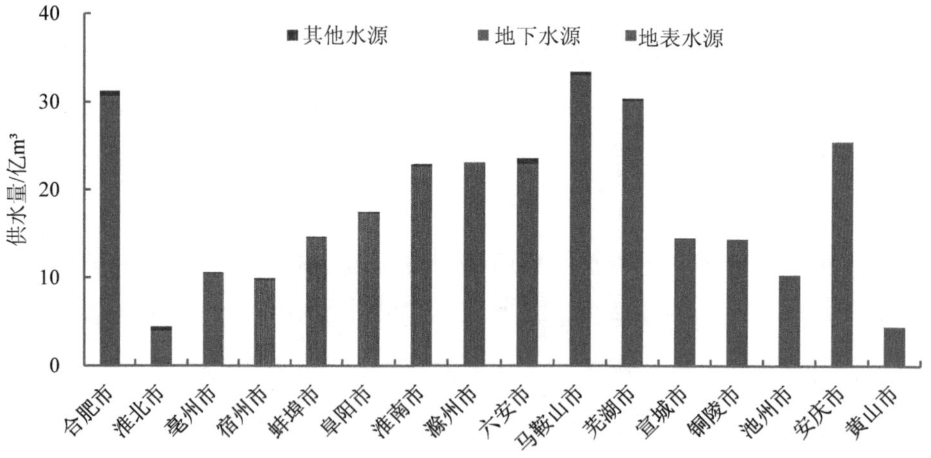

图 4-2 安徽省各行政区供水量

2）供水变化分析。从 2008—2017 年安徽省实际供水量分析，2013 年之前，供水总量总体呈增长趋势，由 266 亿 m^3 增加至 296 亿 m^3，净增 30 亿 m^3。2014 年之后，随着最严格水资源管理制度的深入实施和水资源消耗总量与强度双控机制的逐步建立，全省供水总量有所下降，总体维持约 290 亿 m^3。其中地表水源供水量为 240 亿～260 亿 m^3，约占总供水量的 88%；地下水源供水量为 30 亿～33 亿 m^3，约占 11%；其他水源为 1.9 亿～3.0 亿 m^3，约占 1%（表 4-6）。

表 4-6　2008—2017 年安徽省供水量　　单位：亿 m^3

年份	地表	地下	其他水源	合计
2008	242.38	23.50	0.48	266.36
2009	253.91	26.13	0.49	280.53
2010	258.54	33.08	0.89	292.51
2011	259.90	33.40	1.33	294.63
2012	253.66	34.01	0.89	288.56
2013	260.86	33.41	1.75	296.02
2014	239.93	30.31	1.85	272.09
2015	253.88	32.49	2.29	288.66
2016	256.10	32.02	2.53	290.65
2017	256.53	30.80	2.97	290.30
平均	253.57	30.92	1.55	286.03

（2）用水量

1）现状用水量。2017 年全省用水总量为 290.30 亿 m^3。其中，农田灌溉用水量 149.28 亿 m^3，占总用水量的 51.4%；林牧渔畜用水量 8.87 亿 m^3，占总用水量的 3.1%；工业用水量 92.22 亿 m^3，占总用水量的 31.8%；城镇公共用水量 8.52 亿 m^3，占总用水量的 2.9%；居民生活用水量 25.24 亿 m^3，占总用水量的 8.7%；生态环境用水量 6.17 亿 m^3，占总用水量的 2.1%。各行政分区用水量见表 4-7，各类用水比例见图 4-3。

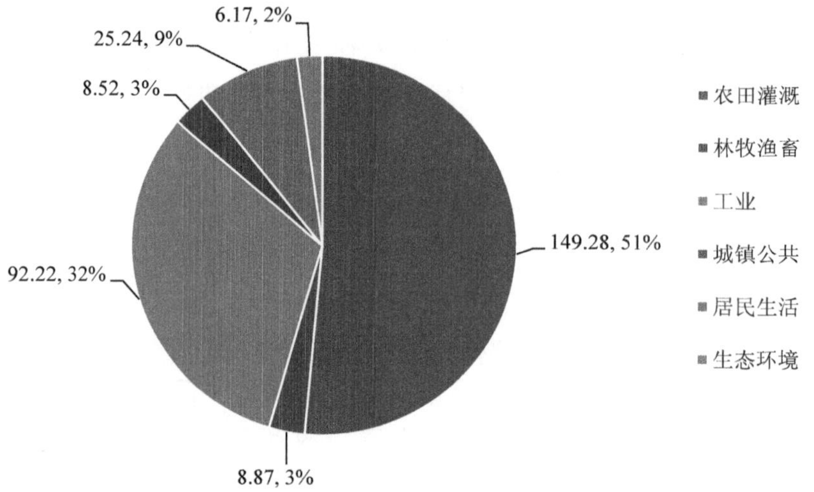

图 4-3 安徽省 2017 年各类用水比例

表 4-7 安徽省 2017 年行政分区用水量情况

单位：亿 m^3

行政分区	农田灌溉	林牧渔畜	工业		城镇公共	居民生活	生态环境	总用水量
			小计	其中火电				
合肥市	18.75	0.88	5.07	0.6	1.94	3.52	1.03	31.19
淮北市	1.68	0.13	1.5	0.48	0.17	0.85	0.09	4.42
亳州市	5.69	0.4	2.08	0.19	0.32	1.68	0.37	10.54
宿州市	4.21	0.71	2.34	0.2	0.29	2.14	0.21	9.90
蚌埠市	9.93	0.37	2.38	0.3	0.41	1.36	0.2	14.65
阜阳市	9.75	0.77	3.14	0.2	0.33	2.81	0.65	17.46
淮南市	12.06	0.42	7.68	6.36	0.59	1.54	0.58	22.87
滁州市	16.73	0.96	2.84	0.01	0.66	1.66	0.19	23.04
六安市	17.72	0.67	2.61	0.14	0.43	1.78	0.32	23.53
马鞍山市	8.39	0.54	22.62	20.72	0.41	1.1	0.32	33.38
芜湖市	10.66	0.41	16.08	12.93	0.97	1.77	0.47	30.36
宣城市	9.73	0.67	2.16	0.1	0.47	1.16	0.29	14.48
铜陵市	3.75	0.49	8.61	6.87	0.24	0.75	0.52	14.36
池州市	4.35	0.29	4.35	3.1	0.31	0.59	0.41	10.30
安庆市	13.75	1.02	8.16	5.34	0.32	1.91	0.42	25.38
黄山市	2.33	0.14	0.60	0	0.66	0.62	0.09	4.44
全省	149.28	8.87	92.22	57.54	8.52	25.24	6.17	290.30

2）用水变化分析。全省农业灌溉用水量既受不同年型的降水丰枯影响，同时也与农田有效灌溉面积及农业作物种植结构等因素密切相关，因此与其他类型用水相比，2008—2017 年安徽省农业用水没有明显的增加或减少趋势，而是维持在一定数量上略有波动，波动幅度在 10%以内。

随着供给侧结构的改革、高新技术产业的发展、传统高耗水工业行业节水技术改造和产业的逐步升级，全省工业用水量在 2013 年前后也呈现较为明显的变化，2013 年后工业用水增速明显放缓，基本维持在 93 亿 m^3。

受到城镇化水平的提升、人民生活水平的提高以及对生态环境要求的提升等影响，2008—2017 年，全省生活用水量和生态环境用水量稳步增长，预测这种变化趋势在一定时期内仍将持续。

2008—2017 年安徽省用水量见表 4-8。

表 4-8　2008—2017 年安徽省用水量　　单位：亿 m^3

年份	农业			工业	生活			生态环境	总用水量
	农业灌溉	林牧渔畜	小计		城镇公共	居民生活	小计		
2008	145.16	8.99	154.15	85.40	3.66	21.52	25.18	1.63	266.36
2009	150.18	8.38	158.56	93.28	4.09	22.65	26.74	1.94	280.53
2010	159.73	7.84	167.57	94.32	4.91	23.40	28.31	2.30	292.51
2011	162.30	8.62	170.92	90.62	5.27	23.86	29.13	3.96	294.63
2012	148.76	7.92	156.68	97.02	7.13	23.96	31.08	3.78	288.56
2013	154.12	7.97	162.09	98.43	7.24	24.21	31.45	4.05	296.02
2014	134.84	7.99	142.83	92.71	7.40	24.50	31.90	4.65	272.09
2015	149.58	7.92	157.50	93.51	7.87	24.88	32.75	4.90	288.66
2016	150.88	7.72	158.60	93.09	8.29	25.08	33.37	5.59	290.65
2017	149.28	8.87	158.15	92.22	8.52	25.24	33.76	6.17	290.30
平均	150.48	8.22	158.71	93.06	6.44	23.93	30.37	3.90	286.03

（3）现状用水水平与效率分析

1）总体用水水平与效率。根据 2008—2017 年《安徽省水资源公报》，2008—2017 年安徽省人均用水量平均为 472 m^3。2017 年全省人均用水量为 464 m^3，省境内淮河、长江和新安江流域人均用水量分别为 337 m^3、641 m^3 和 333 m^3。在地区分布上，人均用水量和水资源的分布趋势基本一致，具有南高北低、上游小下游大的特点。各行政区人均用水量存在一定差异，最大的为马鞍山市，最小的为宿州市（图 4-4 和图 4-5）。

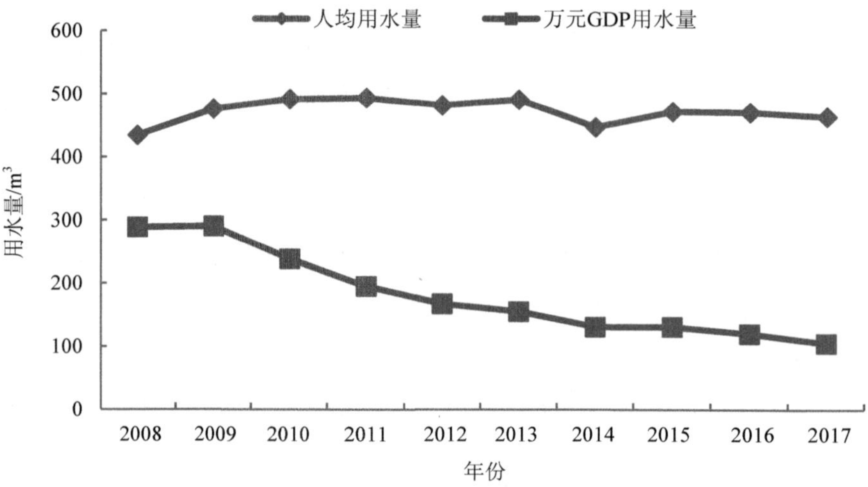

图 4-4　2008—2017 年安徽省人均用水量及万元 GDP 用水量变化趋势

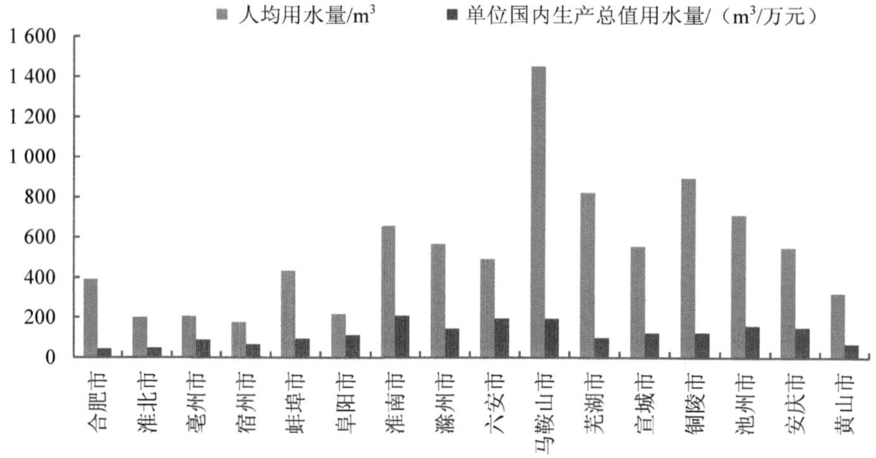

图 4-5　2017 年安徽省各行政区人均用水量及万元 GDP 用水量

2008—2017 年随着安徽省节水水平特别是工业节水水平的提高，万元 GDP 用水量呈逐步下降的趋势，年均降幅约为 11.6%。2017 年全省万元 GDP 用水量 105.5 m^3，省境内淮河、长江和新安江流域万元 GDP 用水量分别为 116 m^3、97 m^3 和 71 m^3。各行政区万元 GDP 用水量也存在一定差异，最大的为淮南市，最小的为合肥市；其中淮北地区、合肥市万元 GDP 用水量较低，沿淮、长江流域部分城市较大。

2）工业用水水平与效率。2008 年以来安徽省万元工业增加值用水量呈稳步下降趋势，年均降幅为 15.8%（扣除直流式火电冷却水，下同）。2017 年全省万元工业增加值用水量为 34 m^3（图 4-6）。安徽省工业综合用水定额地区间差异较大，以战略新兴产业、高附加值产业、轻耗水工业为主和工业用水水平较高的地区，用水指标较低，如合肥市、芜湖市等。以高用水工业为主和用水水平较低的地区，用水指标较高，如亳州市、阜阳市和六安市等。

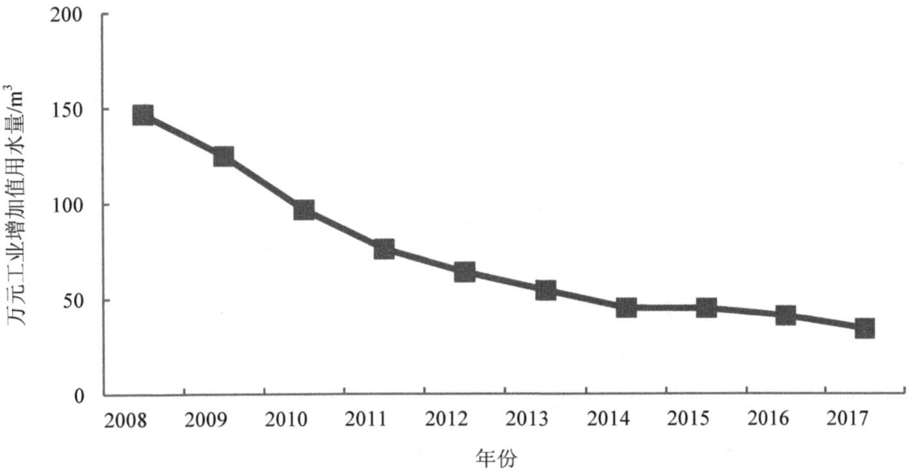

图 4-6　2008—2017 年安徽省万元工业增加值用水量变化趋势

3）农业用水水平与效率。根据 2008—2017 年《安徽省水资源公报》，安徽省农田亩均灌溉综合用水量平均为 315 m^3/亩。2017 年全省农田亩均实际灌溉综合用水量 275 m^3/亩，省境内淮河、长江、新安江流域农田亩均实灌用水量分别为 238 m^3/亩、350 m^3/亩和 275 m^3/亩。亩均实灌用水指标的高低不仅与当年作物生长期有效降雨密切相关，而且与当地灌溉制度、节水措施密切相关。2017 年全省农田灌溉水有效利用系数为 0.532，总体上淮河流域略大于长江流域、新安江流域。

综合分析各项指标，安徽省现状农业用水总体效率不高，地区之间差异也较明显。受水资源条件、作物组成及节水水平的影响，淮河流域节水灌溉工程控制面积比例明显高于长江与新安江流域。

4.1.4 水资源利用上线目标

依据《国务院办公厅关于印发实行最严格水资源管理制度考核办法的通知》（国办发〔2013〕2 号），水利部、国家发展改革委《“十三五”水资源消耗总量和强度双控行动方案》（水资源司〔2016〕379 号），安徽省水利厅、安徽省发展改革委《安徽省“十三五”水资源消耗总量和强度双控工作方案》（皖水资源〔2016〕145 号），到 2020 年全省用水总量控制在 270.84 亿 m^3，万元国内生产总值用水量比 2015 年下降 28%，万元工业增加值用水量比 2015 年下降 21%，农田灌溉水有效利用系数达到 0.535。

2020 年安徽省及各市用水总量和用水效率控制指标见表 4-9。各管控区 2020 年用水总量和用水效率控制指标见表 4-10。

表 4-9 2020 年用水总量和用水效率控制指标

行政区	用水总量控制指标/亿 m^3	万元工业增加值用水量比 2015 年下降幅度/%	万元 GDP 用水量比 2015 年下降幅度/%	农田灌溉水有效利用系数
合肥市	32.42	19	28	0.535
淮北市	5.3	20	27	0.664
亳州市	11.23	25	31	0.639
宿州市	11.48	25	30	0.64
蚌埠市	16.13	23	31	0.575
阜阳市	18.64	25	32	0.61
淮南市	20.58	25	32	0.565
滁州市	24.01	23	33	0.515
六安市	24.96	25	33	0.515
马鞍山市	15.5	20	30	0.53
芜湖市	23.42	19	29	0.545
宣城市	15.72	24	33	0.515
铜陵市	8.24	20	27	0.54
池州市	9.02	25	32	0.54
安庆市	23	23	33	0.525
黄山市	5.69	20	29	0.537
全省	270.84	21	28	0.535

注：用水总量控制指标是指列入国家考核的统计口径水量（贯流式火电按耗水量统计，再生水利用量超出水资源规划部分不列入）。

表 4-10 各县级行政区用水总量和用水效率控制指标

地级行政区名称	县级行政区名称	2020 年双控方案			
		用水总量/万 m^3	万元工业增加值用水量比 2015 年下降幅度/%	万元 GDP 用水量比 2015 年下降幅度/%	农田灌溉水有效利用系数
合肥市	市区	84 100	15	15	0.53
	长丰县	36 200	29	43	0.53
	肥东县	50 200	16	40	0.53
	肥西县	43 100	24	39	0.53
	庐江县	67 000	10	30	0.55
	巢湖市	43 600	5	35	0.57
淮北市	杜集区	8 900	20	27	0.664
	相山区	7 100	20	27	0.664
	烈山区	7 600	20	27	0.664
	濉溪县	29 500	20	27	0.664
亳州市	谯城区	34 300	25	31	0.65
	涡阳县	26 600	26	32	0.65
	蒙城县	26 500	26	32	0.645
	利辛县	24 900	26	32	0.645
宿州市	埇桥区	37 400	20	27	0.64
	砀山县	16 700	25	29	0.64
	萧县	20 800	28	30	0.64
	灵璧县	19 900	31	32	0.64
	泗县	20 000	30	33	0.64
蚌埠市	市区	41 200	23	31	0.575
	怀远县	60 300	23	31	0.575
	五河县	30 800	23	31	0.575
	固镇县	28 200	23	31	0.580
阜阳市	颍州区	17 500	25	32	0.615
	颍东区	14 500	25	32	0.615
	颍泉区	15 100	25	32	0.615
	临泉县	27 700	25	31	0.613
	太和县	23 000	25	31	0.615
	阜南县	28 000	25	35	0.605
	颍上县	44 500	25	35	0.6
	界首市	13 900	25	32	0.615
淮南市	市区	94 940	25	32	0.565
	凤台县	42 860	25	32	0.565
	寿县	68 000	25	32	0.565
滁州市	琅琊区	14 990	18	25	0.52
	南谯区	18 950	21.5	34	0.52
	来安县	34 260	35	33	0.52

地级行政区名称	县级行政区名称	2020 年双控方案			
		用水总量/万 m^3	万元工业增加值用水量比 2015 年下降幅度/%	万元 GDP 用水量比 2015 年下降幅度/%	农田灌溉水有效利用系数
滁州市	全椒县	30 660	28	39	0.52
	定远县	45 220	34	39.5	0.52
	凤阳县	30 860	29	35	0.52
	天长市	44 730	28	34.5	0.52
	明光市	20 830	34	35.5	0.52
六安市	金安区	45 600	25	33	0.515
	裕安区	35 600	25	33	0.515
	叶集区	13 300	25	33	0.515
	霍邱县	80 200	25	35	0.515
	舒城县	38 700	25	33	0.510
	金寨县	19 000	25	25	0.519
	霍山县	17 300	25	20	0.530
马鞍山市	花山区	30 690	20	27.5	0.57
	雨山区	13 560	20	27.5	0.57
	博望区	12 370	20	31.5	0.55
	含山县	27 470	20	35	0.55
	和县	35 500	20	35	0.55
	当涂县	35 410	20	31.5	0.55
芜湖市	市区	64 642	15.8	27.85	0.545
	芜湖县	24 004	18.5	40.5	0.545
	繁昌县	22 162	28.3	25.9	0.545
	南陵县	42 594	41.1	41.9	0.545
	无为县	80 798	36.8	12.3	0.545
宣城市	宣州区	54 140	24.6	34	0.52
	郎溪县	22 160	24.6	34	0.52
	广德县	27 460	24.6	34	0.52
	泾县	13 820	24.6	34	0.53
	绩溪县	7 790	24.6	34	0.53
	旌德县	6 838	24.6	34	0.53
	宁国市	21 590	24.6	34	0.52
铜陵市	市区	48 600	20	27	0.54
	枞阳县	30 700	20	27	0.54
池州市	贵池区	40 800	24.4	31	0.54
	东至县	32 600	27.7	37.2	0.541
	石台县	3 300	26.3	33	0.541
	青阳县	13 500	25.5	33.5	0.541
安庆市	市区	51 400	23	33	0.53
	怀宁县	26 600	23	33	0.525
	潜山县	20 800	23	33	0.53
	太湖县	27 300	23	33	0.525
	宿松县	30 700	23	33	0.52

地级行政区名称	县级行政区名称	2020 年双控方案			
		用水总量/万 m^3	万元工业增加值用水量比 2015 年下降幅度/%	万元 GDP 用水量比 2015 年下降幅度/%	农田灌溉水有效利用系数
安庆市	望江县	26 600	23	33	0.52
	岳西县	13 400	23	33	0.525
	桐城市	33 200	23	33	0.525
黄山市	屯溪区	6 000	8	5	0.54
	黄山区	7 900	12	35	0.54
	徽州区	5 800	16	20	0.54
	歙县	12 500	10	18	0.54
	休宁县	10 700	20	50	0.54
	黟县	5 000	8	60	0.54
	祁门县	7 000	10	40	0.54

4.1.5　水资源管控分区

安徽省水资源管控分区包括重点管控区和一般管控区。

（1）重点管控区

依据《安徽省人民政府办公厅关于公布地下水超采区、限采区范围的通知》（皖政办秘〔2015〕179 号），安徽省水利厅、省发改委、省经信委、省国土厅、省环保厅、省住建厅联合印发的《关于印发〈安徽省地下水超采区治理方案〉的通知》（皖水资源〔2015〕91 号）要求，结合《安徽省地下水超采区评价》成果，安徽省地下水限采区范围主要分布在阜阳市、亳州市、宿州市、淮北市以及蚌埠市等区域的城镇水源地，共有限采区 17 个，共涉及 5 个市级行政区的部分乡镇，划定 21 个重点管控区，总面积 3 068.5 km^2，占全省国土面积的 2.19%。

安徽省地下水限采区范围见表 4-11，重点管控区划定结果见表 4-12。

（2）一般管控区

将安徽省除地下水开采重点管控区以外的区域，划定为水资源利用一般管控区。安徽省共划定水资源一般管控区 105 个，占全省国土面积的 97.81%。

（3）水资源管控分区划定成果

安徽省水资源共划分 126 个管控区，其中重点管控区 21 个，面积为 3 068.5 km^2，占全省国土面积的 2.19%；一般管控区 105 个，面积为 137 105.89 km^2，占全省国土面积的 97.81%（表 4-12 和图 4-7）。

表 4-11　安徽省地下水限采区范围

序号	限采区名称	编码	范围	面积/km²	边界控制点（经纬度）							
					东		西		南		北	
1	安徽省阜阳市城区地下水限采区	34123121	以阜阳市城区水源地为中心，外围至袁集镇、插花镇、邵营乡、闻集镇等	987.00	116° 0′ 29″	32° 53′ 13″	115° 39′ 9″	32° 54′ 51″	115° 47′ 37″	32° 47′ 59″	115° 46′ 16″	33° 5′ 17″
2	安徽省阜阳太和地下水限采区	34123124	以太和县水源地为中心，外围涉及大新镇、赵集乡	196.80	115° 42′ 25″	33° 10′ 55″	115° 32′ 16″	33° 9′ 35″	115° 36′ 37″	33° 5′ 49″	115° 36′ 42″	33° 14′ 24″
3	安徽省阜阳界首地下水限采区	34123122	以界首市水源地为中心，南至田营镇，北至大黄镇，东至界首市县界，西至刘湾镇	93.00	115° 25′ 27″	33° 17′ 01″	115° 20′ 04″	33° 14′ 49″	115° 23′ 09″	33° 12′ 29″	115° 24′ 05″	33° 19′ 44″
4	安徽省阜阳市临泉地下水限采区	34123123	以临泉县水源地为中心，南至韦寨镇，北至界首市的王集镇，东至牛庄乡，西至张营乡	415.6	115° 22′ 57″	33° 04′ 20″	115° 07′ 51″	32° 59′ 48″	115° 14′ 10″	32° 56′ 20″	115° 20′ 04″	33° 08′ 14″
5	安徽省阜阳市颍上地下水限采区	34124113	主要分布在颍上县城及近郊区	56.60	116° 17′ 30″	32° 38′ 56″	116° 12′ 19″	32° 38′ 06″	116° 14′ 51″	32° 35′ 57″	116° 14′ 19″	32° 40′ 41″
6	安徽省亳州市城区地下水限采区	34163121	以亳州市水源地为中心，南至赵桥乡，北至华佗镇，西至十八里镇，东至大寺镇、谯东镇一带	465.00	115° 53′ 28″	33° 50′ 40″	115° 40′ 19″	33° 48′ 37″	115° 45′ 53″	33° 43′ 39″	115° 48′ 5″	33° 58′ 2″
7	安徽省亳州市古井地下水限采区	34164121	以古井镇水源地为中心，外围涉及牛集镇、魏岗镇一带	41.90	115° 41′ 55″	33° 58′ 9″	115° 36′ 45″	33° 59′ 47″	115° 39′ 41″	33° 57′ 17″	115° 39′ 5″	34° 0′ 49″
8	安徽省亳州市涡阳地下水限采区	34163112	主要分布在涡阳县城向北方向的水源地，范围涉及县城城区、城西镇、闸北镇一带	112.20	116° 18′ 14″	33° 34′ 5″	116° 11′ 12″	33° 32′ 45″	116° 14′ 43″	33° 28′ 53″	116° 15′ 9″	33° 36′ 5″

序号	限采区名称	编码	范围	面积/km²	边界控制点（经纬度）							
					东		西		南		北	
9	安徽省亳州市蒙城地下水限采区	34163122	主要分布在蒙城县城水源地及近郊	100.30	116° 36′ 23″	33° 16′ 19″	116° 28′ 32″	33° 15′ 32″	116° 33′ 17″	33° 13′ 29″	116° 32′ 6″	33° 19′ 35″
10	安徽省亳州市利辛地下水限采区	34164123	主要分布在利辛县城水源地及近郊，涉及春店乡、双桥乡	24.10	116° 14′ 2″	33° 9′ 25″	116° 9′ 35″	33° 9′ 5″	116° 11′ 35″	33° 7′ 53″	116° 11′ 24″	33° 10′ 26″
11	安徽省宿州市城区地下水限采区	34133111	以宿州市城区水源地为中心，西北至西二铺乡，东南至北杨寨乡一带	185.80	117° 4′ 26″	33° 37′ 13″	116° 52′ 46″	33° 38′ 54″	117° 0′ 3″	33° 33′ 30″	116° 57′ 29″	33° 40′ 50″
12	安徽省宿州市砀山地下水限采区	34133121	主要分布在砀山县城水源地及近郊，涉及乡镇有赵屯乡、陇海乡	102.60	116° 28′ 26″	34° 25′ 33″	116° 18′ 55″	34° 24′ 47″	116° 22′ 29″	34° 22′ 42″	116° 21′ 48″	34° 27′ 31″
13	安徽省宿州市萧县地下水限采区	34134371	萧县县城水源地，北至圣泉乡，南至丁里镇，西到杜楼镇，东到段园镇一带	23.60	116° 58′ 25″	34° 11′ 50″	116° 56′ 42″	34°11′ 48″	116° 56′ 31″	34° 8′ 20″	116° 58′ 15″	34° 14′ 1″
14	安徽省宿州市灵璧地下水限采区	34134372	北至十里，南至向阳乡，西到田集镇，东到虞姬镇	37.20	117° 36′ 13″	33° 31′ 58″	117° 30′ 25″	33° 32′ 20″	117° 33′ 30″	33° 30′ 42″	117° 33′ 21″	33° 33′ 26″
15	安徽省宿州市泗县地下水限采区	34134111	泗县县城及其近郊区	32.00	117° 56′ 3″	33° 29′ 23″	117° 50′ 54″	33° 28′ 57″	117° 53′ 51″	33° 27′ 49″	117° 53′ 37″	33° 30′ 29″
16	安徽省淮北市地下水限采区	34063371	淮北市区北部杜集镇至高岳街道一带，以及濉溪县城南部烈山镇至宋疃镇一带	123.80	116° 54′ 40″	33° 52′ 45″	116° 42′ 38″	33° 52′ 41″	116° 47′ 54″	33° 51′ 5″	116° 50′ 13″	34° 2′ 9″
17	安徽省蚌埠市固镇地下水限采区	34034111	固镇县城近郊区及连城镇	71.00	117° 20′ 41″	33° 17′ 19″	117° 15′ 55″	33° 17′ 37″	117° 18′ 36″	33° 14′ 11″	117° 17′ 38″	33° 20′ 34″

表 4-12 水资源分区管控划定结果

行政区	辖区面积/km^2	重点管控			一般管控		
		个数	面积/km^2	占比/%	个数	面积/km^2	占比/%
合肥市	11 445.74	0	0	0.00	9	11 445.74	100.00
芜湖市	6 027.93	0	0	0.00	8	6 027.93	100.00
蚌埠市	5 949.91	1	71	1.19	7	5 878.92	98.81
淮南市	5 532.43	0	0	0.00	7	5 532.43	100.00
马鞍山市	4 050.89	0	0	0.00	6	4 050.88	100.00
淮北市	2 741.12	4	123.8	4.52	4	2 617.31	95.48
铜陵市	2 967.63	0	0	0.00	4	2 922.87	98.49
安庆市	13 526.32	0	0	0.00	10	13 539.18	100.10
黄山市	9 681.27	0	0	0.00	7	9 681.28	100.00
滁州市	13 520.27	0	0	0.00	8	13 520.27	100.00
阜阳市	10 118.52	7	1 749	17.29	8	8 369.52	82.71
宿州市	9 938.61	5	381.2	3.84	5	9 557.42	96.16
六安市	15 461.16	0	0	0.00	7	15 461.16	100.00
亳州市	8 522.72	4	743.5	8.72	4	7 779.23	91.28
池州市	8 367.36	0	0	0.00	4	8 399.25	100.38
宣城市	12 322.5	0	0	0.00	7	12 322.5	100.00
全省	140 174.39	21	3 068.5	2.19	105	137 105.89	97.81

4.2 土地资源利用上线与分区

4.2.1 资源利用现状

2017 年年末，安徽省土地总面积为 14 013 984.68 hm^2，农用地 11 121 920.32 hm^2，占土地总面积的 79.36%，其中，耕地 5 866 764.27 hm^2，占土地总面积的 41.86%；园地 346 464.69 hm^2，占土地总面积的 2.47%；林地 3 735 508.11 hm^2，占土地总面积的 26.66%；草地 461.85 hm^2，仅占土地利用总面积的 0.003%；其他农用地 1 172 721.40 hm^2，占土地总面积的 8.37%。建设用地 2 014 919.10 hm^2，占土地总面积的 14.38%，其中，居民点及独立工矿用地 1 660 529.09 hm^2，占土地总面积的 11.85%；交通运输用地 149 402.26 hm^2，占土地总面积的 1.07%；水利设施用地 204 987.75 hm^2，占土地总面积的 1.46%。未利用地 877 145.26 hm^2，占土地总面积的 6.26%（表 4-13 和图 4-8）。

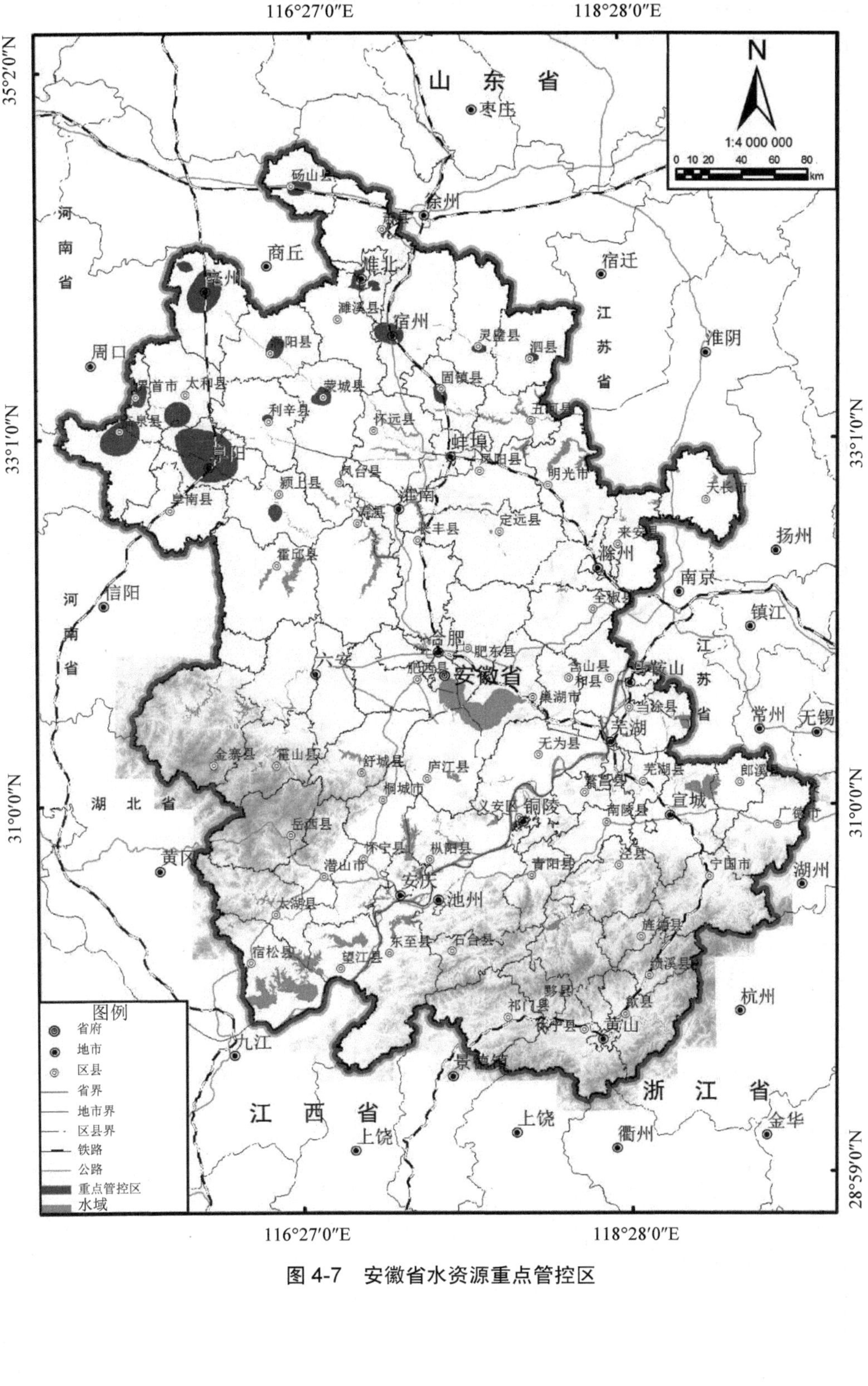

图 4-7　安徽省水资源重点管控区

表 4-13　2017 年安徽省各县（市、区）土地利用情况

单位：hm^2

行政单元	农用地						建设用地				未利用地	总计
	耕地	园地	林地	草地	其他农用地	小计	居民点及独立工矿用地	交通运输用地	水利设施用地	小计		
瑶海区	7 674.48	19.01	894.92	0.00	2 136.92	10 725.33	11 926.00	1 027.66	472.56	13 426.22	392.54	24 544.09
庐阳区	3 745.63	34.02	257.31	0.00	933.22	4 970.18	5 454.40	276.09	2 632.85	8 363.34	423.83	13 757.35
蜀山区	30 964.75	130.78	1 867.92	0.00	7 294.44	40 257.89	21 632.35	1 644.64	559.69	23 836.68	1 238.29	65 332.86
包河区	6 614.01	71.13	325.91	0.00	1 907.34	8 918.39	12 048.69	1 259.61	118.69	13 426.99	7 692.33	30 037.71
长丰县	109 987.26	107.98	7 609.29	0.00	31 546.65	149 251.18	23 294.17	3 447.79	6 428.27	33 170.23	1 717.32	184 138.73
肥东县	120 432.57	214.60	17 698.14	0.00	34 125.93	172 471.24	28 654.91	2 865.33	5 952.79	37 473.03	8 221.96	218 166.23
肥西县	85 266.31	1 852.99	19 140.55	0.00	21 855.76	128 115.61	22 451.06	2 732.34	2 108.90	27 292.30	14 133.12	169 541.03
庐江县	115 000.83	2 157.13	33 884.30	0.00	28 172.41	179 214.67	31 964.61	2 293.04	2 630.28	36 887.93	18 271.29	234 373.89
巢湖市	77 728.38	977.06	25 111.00	0.00	20 571.61	124 388.05	23 083.61	2 102.52	1 631.88	26 818.01	53 408.28	204 614.34
合肥市	**557 414.22**	**5 564.70**	**106 789.34**	**0.00**	**148 544.28**	**818 312.54**	**180 509.80**	**17 649.02**	**22 535.91**	**220 694.73**	**105 498.96**	**1 144 506.23**
镜湖区	3 742.41	0.05	113.39	0.00	1 676.57	5 532.42	3 876.19	257.10	356.73	4 490.02	1 459.80	11 482.24
弋江区	5 155.90	14.72	355.16	0.00	2 148.01	7 673.79	5 841.23	777.34	473.17	7 091.74	2 161.64	16 927.17
鸠江区	37 023.70	21.93	2 066.31	18.65	12 750.05	51 880.64	19 168.14	2 548.39	1 289.72	23 006.25	12 177.76	87 064.65
三山区	11 938.74	38.78	3 234.33	0.10	5 046.48	20 258.43	5 769.80	902.23	784.32	7 456.35	5 875.80	33 590.58
芜湖县	31 259.33	830.63	3 155.54	0.05	10 779.95	46 025.50	11 980.63	1 081.33	1 123.83	14 185.79	4 741.49	64 952.78
繁昌县	16 554.12	314.17	22 669.18	0.00	4 898.12	44 435.59	9 930.81	1 043.55	584.09	11 558.45	2 433.70	58 427.74
南陵县	51 113.08	1 650.30	40 656.85	0.64	12 917.23	106 338.10	13 216.27	1 278.44	1 500.27	15 994.98	3 620.14	125 953.22
无为县	110 978.73	730.99	22 184.12	0.00	26 014.29	159 908.13	23 729.87	1 690.66	3 024.42	28 444.95	15 853.86	204 206.94
芜湖市	**267 766.01**	**3 601.57**	**94 434.88**	**19.44**	**76 230.70**	**442 052.60**	**93 512.94**	**9 579.04**	**9 136.55**	**112 228.53**	**48 324.19**	**602 605.32**
龙子湖区	5 863.10	115.78	992.62	0.00	1 119.13	8 090.63	4 248.71	743.95	123.26	5 115.92	1 558.38	14 764.93
蚌山区	3 528.11	51.83	458.15	0.60	689.47	4 728.16	3 793.99	331.61	8.38	4 133.98	71.18	8 933.32
禹会区	15 524.95	440.49	1 755.21	5.66	2 469.25	20 195.56	6 843.00	910.40	326.85	8 080.25	4 696.00	32 971.81
淮上区	24 234.40	16.90	776.82	2.01	4 434.78	29 464.91	6 683.61	988.54	592.92	8 265.07	2 538.54	40 268.52

行政单元	农用地						建设用地				未利用地	总计
	耕地	园地	林地	草地	其他农用地	小计	居民点及独立工矿用地	交通运输用地	水利设施用地	小计		
怀远县	147 063.05	58.44	5 387.00	0.00	20 663.59	173 172.08	26 053.33	1 465.04	2 335.32	29 853.69	16 176.20	219 201.97
五河县	88 615.97	258.96	3 470.56	0.00	13 263.29	105 608.78	15 334.85	1 285.85	2 518.97	19 139.67	18 108.40	142 856.85
固镇县	93 415.12	256.03	3 154.11	0.00	11 214.69	108 039.95	17 601.95	1 180.49	1 477.19	20 259.63	7 775.25	136 074.83
蚌埠市	**378 244.70**	**1 198.43**	**15 994.47**	**8.27**	**53 854.20**	**449 300.07**	**80 559.44**	**6 905.88**	**7 382.89**	**94 848.21**	**50 923.95**	**595 072.23**
大通区	14 385.68	133.06	1 373.54	0.00	4 503.88	20 396.16	5 432.55	856.47	516.28	6 805.30	3 424.25	30 625.71
田家庵区	11 311.87	228.81	1 280.16	3.13	2 329.67	15 153.64	8 007.53	925.99	229.55	9 163.07	682.32	24 999.03
谢家集区	13 297.39	248.52	812.67	27.35	2 916.13	17 302.06	4 141.46	375.93	416.45	4 933.84	4 823.91	27 059.81
八公山区	3 279.58	1 081.93	1 198.26	57.33	872.09	6 489.19	3 119.47	231.21	263.62	3 614.30	1 787.64	11 891.13
潘集区	37 137.59	6.49	211.74	0.00	6 194.10	43 549.92	8 752.46	855.83	1 257.25	10 865.54	5 417.91	59 833.37
凤台县	64 326.86	148.86	743.39	2.73	11 025.49	76 247.33	14 772.70	1 320.22	2 370.70	18 463.62	9 275.46	103 986.41
寿　县	196 598.48	354.67	1 419.65	0.00	35 972.92	234 345.72	29 255.71	1 673.79	4 226.00	35 155.50	25 333.24	294 834.46
淮南市	**340 337.45**	**2 202.34**	**7 039.41**	**90.54**	**63 814.28**	**413 484.02**	**73 481.88**	**6 239.44**	**9 279.85**	**89 001.17**	**50 744.73**	**553 229.92**
博望区	16 227.91	38.94	3 913.94	0.00	7 427.12	27 607.91	4 776.02	308.15	536.74	5 620.91	4 767.04	37 995.86
花山区	2 762.30	94.71	3 999.61	0.00	1 191.71	8 048.33	7 229.69	378.55	233.10	7 841.34	1 986.41	17 876.08
雨山区	3 336.63	40.81	2 994.59	0.00	1 253.57	7 625.60	8 369.96	566.22	111.29	9 047.47	760.47	17 433.54
当涂县	42 370.05	254.99	3 402.88	0.00	22 121.54	68 149.46	12 148.69	853.27	1 269.81	14 271.77	14 547.34	96 968.57
含山县	46 013.61	544.17	27 814.28	14.32	12 112.55	86 498.93	10 690.19	1 187.20	1 893.90	13 771.29	2 509.72	102 779.94
和　县	63 663.11	145.16	16 696.76	4.87	20 107.88	100 617.78	15 307.61	1 566.55	2 719.94	19 594.10	11 647.28	131 859.16
马鞍山市	**174 373.61**	**1 118.78**	**58 822.06**	**19.19**	**64 214.37**	**298 548.01**	**58 522.16**	**4 859.94**	**6 764.78**	**70 146.88**	**36 218.26**	**404 913.15**
杜集区	7 994.35	861.01	1 172.39	0.00	1 924.21	11 951.96	7 436.89	775.51	1 574.61	9 787.01	1 578.23	23 317.20
相山区	4 645.89	329.10	697.76	0.00	1 014.56	6 687.31	6 356.12	364.11	367.34	7 087.57	397.18	14 172.06
烈山区	16 473.56	1 495.08	3 114.19	0.00	2 312.08	23 394.91	7 222.86	1 305.33	2 397.93	10 926.12	4 167.00	38 488.03
濉溪县	138 396.08	62.89	2 855.12	0.00	17 344.37	158 658.46	30 435.96	2 921.75	3 400.25	36 757.96	2 745.10	198 161.52
淮北市	**167 509.88**	**2 748.08**	**7 839.46**	**0.00**	**22 595.22**	**200 692.64**	**51 451.83**	**5 366.70**	**7 740.13**	**64 558.66**	**8 887.51**	**274 138.81**
铜官区	1 083.77	39.88	1 460.58	0.00	703.93	3 288.16	5 019.00	339.57	25.81	5 384.38	181.35	8 853.89
义安区	23 340.05	292.76	24 957.76	0.00	6 744.37	55 334.94	14 234.63	1 644.86	1 234.48	17 113.97	12 084.57	84 533.48

行政单元	农用地						建设用地				未利用地	总计
	耕地	园地	林地	草地	其他农用地	小计	居民点及独立工矿用地	交通运输用地	水利设施用地	小计		
郊　区	1 083.11	22.93	4 569.75	0.00	713.37	6 389.16	3 072.92	525.49	194.10	3 792.51	2 274.78	12 456.45
枞阳县	68 584.77	382.98	37 769.37	0.00	18 117.01	124 854.13	24 878.90	1 616.80	2 706.43	29 202.13	32 359.60	186 415.86
铜陵市	**94 091.70**	**738.55**	**68 757.46**	**0.00**	**26 278.68**	**189 866.39**	**47 205.45**	**4 126.72**	**4 160.82**	**55 492.99**	**46 900.30**	**292 259.68**
迎江区	4 243.60	0.09	1 663.29	4.55	1 696.48	7 608.01	4 827.01	429.30	342.88	5 599.19	7 252.03	20 459.23
大观区	4 126.91	56.59	3 870.27	0.25	918.59	8 972.61	4 036.10	311.96	347.33	4 695.39	5 462.76	19 130.76
宜秀区	8 443.55	321.36	12 168.89	11.04	3 709.18	24 654.02	7 778.48	669.24	280.97	8 728.69	8 056.17	41 438.88
怀宁县	57 947.47	243.57	32 652.93	10.02	12 646.66	103 500.65	20 236.06	1 385.24	1 841.05	23 462.35	8 792.34	135 755.34
潜山县	40 583.25	4 324.14	91 988.60	0.00	8 423.02	145 319.01	15 747.96	1 151.48	1 170.69	18 070.13	5 408.31	168 797.45
太湖县	45 707.99	6 354.08	108 985.80	0.00	11 237.55	172 285.42	14 112.73	848.55	4 460.05	19 421.33	12 207.70	203 914.45
宿松县	80 826.36	1 369.53	48 346.08	0.00	15 517.89	146 059.86	19 821.39	1 020.09	2 807.11	23 648.59	67 286.20	236 994.65
望江县	63 260.79	479.86	11 170.17	0.00	13 376.28	88 287.10	15 209.22	1 124.85	2 157.21	18 491.28	28 019.13	134 797.51
岳西县	19 868.48	16 146.85	179 101.56	0.00	6 127.02	221 243.91	10 274.00	1 128.63	327.08	11 729.71	4 260.29	237 233.91
桐城市	53 468.74	2 490.46	46 405.75	197.04	13 064.63	115 626.62	19 107.88	1 586.02	2 113.47	22 807.37	16 839.83	155 273.82
安庆市	**378 477.14**	**31 786.53**	**536 353.34**	**222.90**	**86 717.30**	**1 033 557.21**	**131 150.83**	**9 655.36**	**15 847.84**	**156 654.03**	**163 584.76**	**1 353 796.00**
屯溪区	4 499.13	624.65	6 137.99	0.00	888.19	12 149.96	5 054.03	785.09	53.03	5 892.15	1 062.27	19 104.38
黄山区	10 678.34	5 284.48	139 499.58	0.00	2 460.92	157 923.32	5 004.52	840.14	5 577.38	11 422.04	5 353.98	174 699.34
徽州区	5 534.27	4 241.71	26 850.28	0.00	1 055.18	37 681.44	2 665.03	321.23	44.42	3 030.68	1 229.52	41 941.64
歙　县	12 708.96	37 511.41	142 356.83	0.00	3 510.48	196 087.68	9 346.85	1 281.58	55.78	10 684.21	5 463.48	212 235.37
休宁县	17 113.71	14 551.44	166 967.48	0.00	4 046.62	202 679.25	5 119.07	1 248.43	126.71	6 494.21	3 444.64	212 618.10
黟　县	8 166.10	4 272.74	67 955.58	0.00	1 414.92	81 809.34	2 175.11	388.47	239.33	2 802.91	1 129.49	85 741.74
祁门县	9 719.75	14 030.52	188 883.23	0.00	1 950.92	214 584.42	3 117.43	1 074.57	93.28	4 285.28	2 628.47	221 498.17
黄山市	**68 420.26**	**80 516.95**	**738 650.97**	**0.00**	**15 327.23**	**902 915.41**	**32 482.04**	**5 939.51**	**6 189.93**	**44 611.48**	**20 311.85**	**967 838.74**
琅琊区	8 263.43	94.25	2 366.52	0.00	2 215.15	12 939.35	7 187.77	495.66	1 343.21	9 026.64	810.48	22 776.47
南谯区	40 802.21	899.28	40 346.82	6.85	12 286.51	94 341.67	13 455.50	2 134.68	4 274.66	19 864.84	3 563.64	117 770.15
来安县	81 569.91	376.92	14 006.92	0.00	19 763.96	115 717.71	19 614.05	1 433.93	5 602.89	26 650.87	7 493.99	149 862.57
全椒县	78 759.54	2 372.10	26 690.62	0.00	25 003.47	132 825.73	14 200.65	1 994.99	5 101.06	21 296.70	2 713.45	156 835.88

行政单元	农用地						建设用地				未利用地	总计
	耕地	园地	林地	草地	其他农用地	小计	居民点及独立工矿用地	交通运输用地	水利设施用地	小计		
定远县	183 907.19	500.30	22 438.35	0.00	37 066.30	243 912.14	30 337.56	2 669.66	12 178.10	45 185.32	11 079.80	300 177.26
凤阳县	108 034.10	797.88	23 445.18	2.69	19 650.45	151 930.30	22 676.87	1 933.76	4 245.13	28 855.76	12 941.21	193 727.27
天长市	98 631.73	74.72	933.54	0.00	28 092.83	127 732.82	26 720.35	1 469.58	7 147.93	35 337.86	12 344.63	175 415.31
明光市	114 965.42	710.81	46 665.16	0.00	25 045.82	187 387.21	17 768.42	1 796.00	3 669.49	23 233.91	24 412.47	235 033.59
滁州市	**714 933.53**	**5 826.26**	**176 893.11**	**9.54**	**169 124.49**	**1 066 786.93**	**151 961.17**	**13 928.26**	**43 562.47**	**209 451.90**	**75 359.67**	**1 351 598.50**
颍州区	34 144.67	29.75	1 457.04	0.00	4 976.47	40 607.93	18 404.92	1 670.61	465.23	20 540.76	1 140.20	62 288.89
颍东区	44 684.65	11.73	1 533.78	0.00	5 617.68	51 847.84	13 312.29	1 083.70	732.55	15 128.54	1 335.97	68 312.35
颍泉区	40 786.41	15.87	2 161.74	0.00	4 492.19	47 456.21	13 629.53	1 047.74	906.44	15 583.71	2 032.73	65 072.65
临泉县	122 917.91	227.31	4 950.54	0.00	15 146.73	143 242.49	35 669.98	1 320.76	744.37	37 735.11	2 899.70	183 877.30
太和县	128 861.66	105.50	7 916.91	0.00	13 051.97	149 936.04	30 995.49	2 559.16	1 289.04	34 843.69	1 939.50	186 719.23
阜南县	108 179.54	112.13	8 180.17	0.00	20 288.47	136 760.31	30 591.08	1 632.90	1 401.30	33 625.28	9 679.94	180 065.53
颍上县	124 460.26	35.54	3 690.35	4.45	20 888.24	149 078.84	32 487.23	2 350.40	3 311.43	38 149.06	11 470.85	198 698.75
界首市	42 984.59	215.73	2 036.88	0.00	5 081.63	50 318.83	14 354.51	838.74	396.78	15 590.03	873.71	66 782.57
阜阳市	**647 019.69**	**753.56**	**31 927.41**	**4.45**	**89 543.38**	**769 248.49**	**189 445.03**	**12 504.01**	**9 247.14**	**211 196.18**	**31 372.60**	**1 011 817.27**
埇桥区	174 955.17	2 671.20	15 535.14	3.28	26 064.27	219 229.06	41 811.88	6 870.76	6 386.77	55 069.41	16 445.48	290 743.95
砀山县	26 022.25	58 787.09	5 453.87	0.00	4 604.13	94 867.34	20 527.34	1 732.02	26.57	22 285.93	2 519.66	119 672.93
萧　县	100 555.92	11 281.26	11 645.79	0.00	10 614.06	134 097.03	31 371.12	2 195.45	4 402.22	37 968.79	13 294.16	185 359.98
灵璧县	142 004.21	494.62	7 785.44	0.00	19 845.90	170 130.17	27 661.71	2 217.21	3 180.79	33 059.71	9 214.78	212 404.66
泗　县	130 317.11	48.37	4 735.45	0.18	13 767.64	148 868.75	27 479.96	2 551.56	2 661.73	32 693.25	4 133.81	185 695.81
宿州市	**573 854.66**	**73 282.54**	**45 155.69**	**3.46**	**74 896.00**	**767 192.35**	**148 852.01**	**15 567.00**	**16 658.08**	**181 077.09**	**45 607.89**	**993 877.33**
金安区	82 721.01	838.34	29 173.71	67.53	18 583.32	131 383.91	27 326.80	1 475.76	1 019.84	29 822.40	5 647.91	166 854.22
裕安区	84 990.39	1 338.35	42 283.63	0.00	18 252.07	146 864.44	32 229.72	2 107.54	946.22	35 283.48	8 646.79	190 794.71
叶集区	31 049.79	189.41	5 694.84	0.00	6 460.23	43 394.27	9 708.56	667.49	415.57	10 791.62	2 109.02	56 294.91
霍邱县	196 857.77	51.81	7 461.76	0.00	36 615.39	240 986.73	36 567.84	2 038.24	5 366.61	43 972.69	38 956.45	323 915.87
舒城县	61 338.39	3 985.25	99 133.41	9.97	13 599.33	178 066.35	20 715.30	1 442.96	4 353.48	26 511.74	6 373.26	210 951.35
金寨县	39 270.20	29 904.67	268 664.87	0.36	13 496.35	351 336.45	17 309.65	2 067.09	9 019.55	28 396.29	12 162.84	391 895.58

行政单元	农用地						建设用地				未利用地	总计
	耕地	园地	林地	草地	其他农用地	小计	居民点及独立工矿用地	交通运输用地	水利设施用地	小计		
霍山县	23 080.03	9 614.46	146 541.08	1.96	7 434.63	186 672.16	9 528.70	1 087.88	2 182.44	12 799.02	4 904.63	204 375.81
六安市	**519 307.58**	**45 922.29**	**598 953.30**	**79.82**	**114 441.32**	**1 278 704.31**	**153 386.57**	**10 886.96**	**23 303.71**	**187 577.24**	**78 800.90**	**1 545 082.45**
谯城区	149 200.08	3 888.73	8 383.76	0.00	13 372.52	174 845.09	41 065.73	3 799.72	2 904.24	47 769.69	3 674.57	226 289.35
涡阳县	154 342.62	46.36	2 389.15	0.00	17 896.82	174 674.95	28 642.17	2 287.82	2 807.32	33 737.31	2 577.55	210 989.81
蒙城县	153 567.92	90.86	2 130.80	1.18	20 896.17	176 686.93	31 801.58	1 964.10	912.98	34 678.66	3 027.55	214 393.14
利辛县	141 375.13	49.49	2 995.14	0.00	18 483.12	162 902.88	30 008.51	2 008.34	2 550.70	34 567.55	2 979.83	200 450.26
亳州市	**598 485.75**	**4 075.44**	**15 898.85**	**1.18**	**70 648.63**	**689 109.85**	**131 517.99**	**10 059.98**	**9 175.24**	**150 753.21**	**12 259.50**	**852 122.56**
贵池区	49 940.61	1 619.15	140 900.34	0.00	13 084.82	205 544.92	22 389.82	3 309.59	1 852.89	27 552.30	20 791.14	253 888.36
东至县	58 840.42	7 553.24	199 704.62	0.00	11 248.37	277 346.65	14 626.97	1 979.17	2 444.07	19 050.21	28 603.68	325 000.54
石台县	4 827.64	5 660.03	123 847.60	0.00	2 109.25	136 444.52	2 644.27	305.08	226.75	3 176.10	1 762.14	141 382.76
青阳县	24 724.34	3 603.88	71 709.79	0.00	5 031.40	105 069.41	8 275.68	980.33	782.95	10 038.96	4 491.82	119 600.19
池州市	**138 333.01**	**18 436.30**	**536 162.35**	**0.00**	**31 473.84**	**724 405.50**	**47 936.74**	**6 574.17**	**5 306.66**	**59 817.57**	**55 648.78**	**839 871.85**
宣州区	87 905.88	10 308.32	84 628.40	0.00	23 770.39	206 612.99	27 297.24	2 505.93	1 603.57	31 406.74	20 493.97	258 513.70
郎溪县	42 965.20	6 863.38	24 139.98	0.00	12 882.66	86 851.22	11 747.07	904.25	2 052.05	14 703.37	8 500.78	110 055.37
广德县	42 741.76	13 705.99	114 966.51	0.24	11 119.54	182 534.04	20 830.28	1 986.88	1 819.33	24 636.49	4 439.11	211 609.64
泾　县	27 943.82	8 525.07	144 457.03	0.00	5 952.91	186 878.83	9 447.32	728.94	634.04	10 810.30	5 633.94	203 323.07
绩溪县	13 119.16	6 730.40	79 716.70	0.00	2 890.09	102 456.35	4 132.27	1 046.67	99.89	5 278.83	2 627.34	110 362.52
旌德县	15 960.76	997.71	64 250.86	2.82	3 618.78	84 830.93	3 665.07	380.04	184.14	4 229.25	1 640.30	90 700.48
宁国市	17 558.50	21 561.50	183 676.53	0.00	4 783.11	227 579.64	11 433.96	2 007.56	2 302.73	15 744.25	3 365.97	246 689.86
宣城市	**248 195.08**	**68 692.37**	**695 836.01**	**3.06**	**65 017.48**	**1 077 744.00**	**88 553.21**	**9 560.27**	**8 695.75**	**106 809.23**	**46 701.41**	**1 231 254.64**
全省	**5 866 764.27**	**346 464.69**	**3 735 508.11**	**461.85**	**1 172 721.40**	**11 121 920.32**	**1 660 529.09**	**149 402.26**	**204 987.75**	**2 014 919.10**	**877 145.26**	**14 013 984.68**
占总面积比重/%	**41.86**	**2.47**	**26.66**	**0.003**	**8.37**	**79.36**	**11.85**	**1.07**	**1.46**	**14.38**	**6.26**	**100.00**

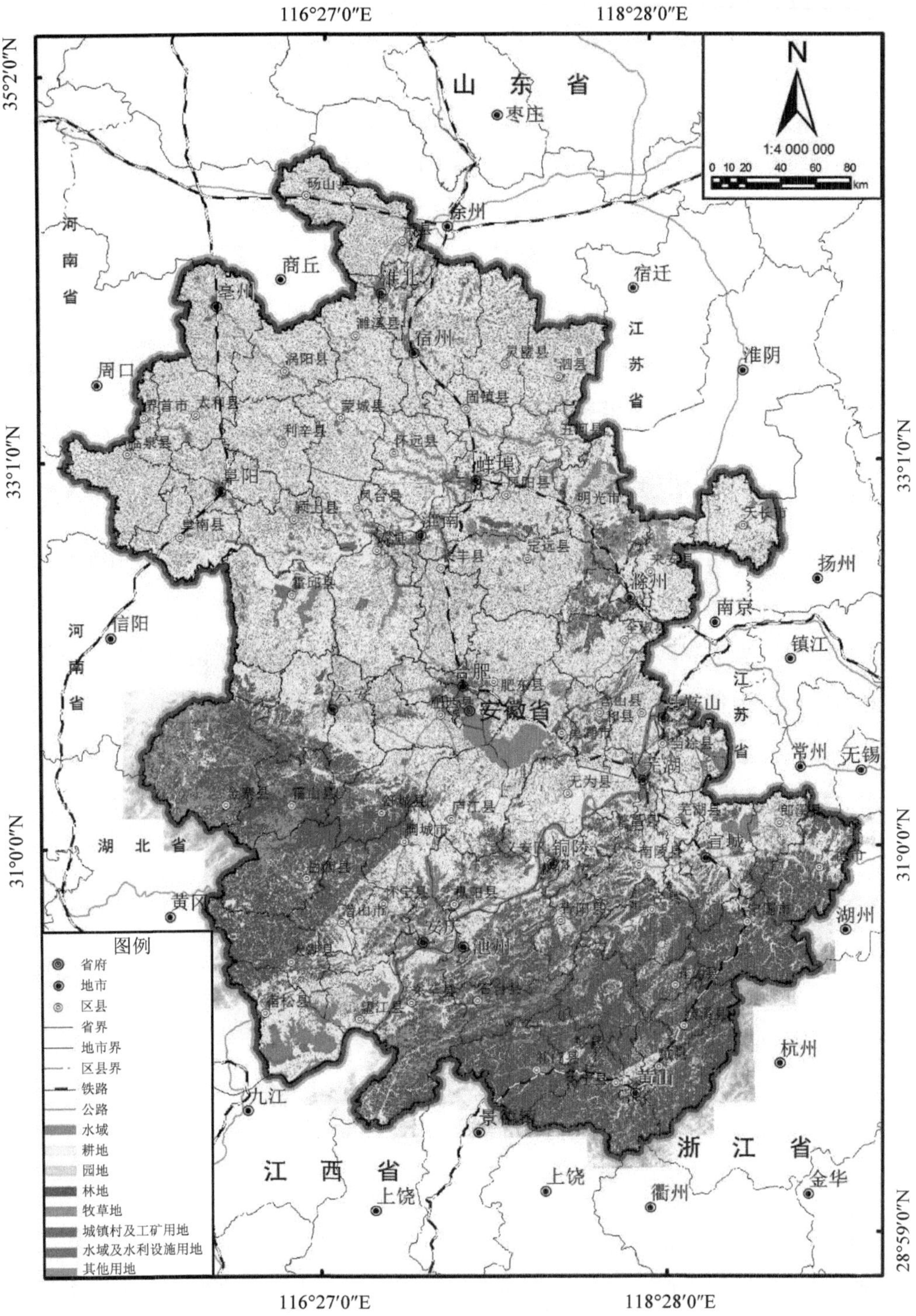
116°27′0″E
118°28′0″E
35°2′0″N
33°1′0″N
31°0′0″N
28°59′0″N
N
1:4 000 000
0 10 20 40 60 80
km
山　东　省
枣庄
徐州
商丘
河南省
宿迁
江苏省
淮阴
周口
淮北
亳州
宿州
阜阳
蚌埠
淮南
天长
扬州
南京
信阳
镇江
合肥
安徽省
常州
无锡
芜湖
湖北省
铜陵
宣城
黄冈
湖州
安庆
池州
黄山
杭州
九江
浙　江　省
江　西　省
上饶
衢州
金华
图例
省府
地市
区县
省界
地市界
区县界
铁路
公路
水域
耕地
园地
林地
牧草地
城镇村及工矿用地
水域及水利设施用地
其他用地

图 4-8　土地利用现状

4.2.2 土地资源供需分析

以 2017 年作为基准年，采用第二次全国土地利用调查后的 2009—2017 年共 9 年数据作为分析样本。按照土地利用的变化规律，采用灰色系统理论 GM（1，1）预测 2020 年安徽省不同类用地需求量，将安徽省及各市《土地利用总体规划（2006—2020 年）》调整方案中 2020 年规划值作为供给量，以此判断土地资源的供需情况。

鉴于通过模型预测需求量或多或少会存在误差，针对耕地保有量、建设用地总规模、城镇工矿用地等变化趋势明显的土地利用类型指标，将其规划值与需求量预测值相差 100 hm^2 范围内的定义为供需平衡，规划值大于或小于需求量预测值超过 100 hm^2 的判定为供大于求、供小于求。分析结果见表 4-14。

4.2.3 土地资源开发利用效率

土地资源开发利用效率主要反映的是土地资源配置和实现程度，一般用既定的生产力水平下土地投入量和产出量的对比关系来衡量。投入土地越小，产出越大，表明土地利用效率越高。本研究采用《国土资源部、国家发展和改革委员会关于落实“十三五”单位国内生产总值建设用地使用面积下降目标的指导意见》（国土资发〔2016〕120 号，以下简称《意见》）规定的指标，计算单位国内生产总值建设用地使用面积下降率。计算公式如下：

$$Le = \frac{SP_{N+1} - SP_N}{SP_N}$$

$$SP_N = S / \text{GDP}$$

式中：Le —— 单位 GDP 建设用地使用面积下降率；

SP_{N+1} —— 第 N+1 年度单位国内生产总值建设用地使用面积；

SP_N —— 第 N 年度单位国内生产总值建设用地使用面积；

S —— 年度建设用地规模；

GDP —— 年度国内生产总值。

《意见》中对安徽省“十三五”期间建设用地使用面积下降率给出了明确要求，到 2020 年年末安徽省单位国内生产总值建设用地使用面积下降率不低于 22%，各年度下降率不低于 4.85%。

表 4-14 安徽省各县（市、区）不同土地利用类型供需形势状况

单位：hm^2

行政单元	耕地				建设用地				城镇工矿用地				交通水利及其他建设用地			
	需求量	供给量	供需差值	供需状况	需求量	供给量	供需差值	供需状况	需求量	供给量	供需差值	供需状况	需求量	供给量	供需差值	供需状况
瑶海区	5 869.19	6 273.33	404.14	供大于求	13 367.49	15 140.00	1 772.51	供大于求	11 544.88	11 846.67	301.79	供大于求	1 540.26	1 633.33	93.07	供需平衡
庐阳区	3 591.07	3 280.00	−311.07	供小于求	8 572.75	8 720.00	147.25	供大于求	4 858.66	4 953.33	94.67	供需平衡	2 970.39	2 993.33	22.94	供需平衡
蜀山区	29 594.49	30 686.67	1 092.18	供大于求	24 312.56	27 346.67	3 034.11	供大于求	18 187.24	19 266.67	1 079.43	供大于求	2 512.46	3 220.00	707.54	供大于求
包河区	5 838.65	6 286.67	448.02	供大于求	15 214.77	15 760.00	545.23	供大于求	11 440.41	11 953.33	512.92	供大于求	1 868.09	1 506.67	−361.42	供小于求
长丰县	109 800.20	110 500.00	699.80	供大于求	32 989.49	32 800.00	−189.49	供小于求	5 772.63	5 580.00	−192.63	供小于求	10 798.61	10 440.00	−358.61	供小于求
肥东县	122 387.66	121 686.67	−700.99	供小于求	37 585.26	38 173.33	588.07	供大于求	6 986.97	6 280.00	−706.97	供小于求	10 132.12	10 440.00	307.88	供大于求
肥西县	86 220.82	84 913.33	−1 307.49	供小于求	22 146.00	28 400.00	6 254.00	供大于求	8 698.98	7 253.33	−1 445.65	供小于求	6 012.54	6 406.67	394.13	供大于求
庐江县	114 840.14	114 773.33	−66.81	供需平衡	38 139.35	37 226.67	−912.68	供小于求	7 829.28	6 046.67	−1 782.61	供小于求	7 794.51	7 746.67	−47.84	供需平衡
巢湖市	78 206.96	78 006.67	−200.29	供小于求	27 744.03	27 420.00	−324.03	供小于求	10 395.96	9 486.67	−909.29	供小于求	4 712.59	5 066.67	354.08	供大于求
镜湖区	3 712.08	3 582.10	−129.98	供小于求	5 013.64	4 826.00	−187.64	供小于求	3 014.33	3 289.35	275.02	供大于求	632.51	651.40	18.89	供需平衡
弋江区	4 825.84	5 166.20	340.36	供大于求	7 828.34	7 450.47	−377.87	供小于求	4 877.19	4 528.66	−348.53	供小于求	1 765.67	1 556.53	−209.14	供小于求
鸠江区	36 244.12	36 013.96	−230.16	供小于求	24 256.60	24 300.99	44.39	供需平衡	13 364.26	13 385.83	21.57	供需平衡	4 593.19	4 684.98	91.79	供需平衡
三山区	11 761.56	11 667.90	−93.66	供需平衡	8 682.36	8 775.18	92.82	供需平衡	3 748.74	4 762.55	1 013.81	供大于求	2 012.46	1 992.57	−19.89	供需平衡
芜湖县	31 794.51	31 142.66	−651.85	供小于求	14 621.79	14 720.27	98.48	供需平衡	5 646.87	5 662.25	15.38	供需平衡	2 652.16	2 741.32	89.16	供需平衡
繁昌县	16 568.44	16 497.04	−71.40	供需平衡	11 900.78	11 948.16	47.38	供需平衡	5 656.17	5 761.46	105.29	供大于求	1 850.46	2 004.35	153.89	供大于求
南陵县	51 664.39	50 466.49	−1 197.90	供小于求	16 822.43	16 535.75	−286.68	供小于求	3 881.55	3 993.34	111.79	供大于求	3 912.86	3 477.95	−434.91	供小于求
无为县	111 630.34	110 058.00	−1 572.34	供小于求	28 884.75	28 520.41	−364.34	供小于求	5 505.42	5 949.33	443.91	供大于求	5 788.91	5 818.35	29.44	供需平衡
龙子湖区	5 471.99	4 718.42	−753.57	供小于求	5 804.55	6 841.57	1 037.02	供大于求	3 425.99	4 025.17	599.18	供大于求	1 494.99	913.47	−581.52	供小于求
蚌山区	3 163.69	3 040.50	−123.19	供小于求	4 769.12	4 811.96	42.84	供需平衡	3 412.74	2 670.55	−742.19	供小于求	922.91	813.34	−109.57	供小于求
禹会区	15 251.32	13 690.62	−1 560.70	供小于求	8 756.75	10 727.27	1 970.52	供大于求	5 099.72	5 811.81	712.09	供大于求	1 416.24	1 245.96	−170.28	供小于求
淮上区	22 965.12	22 950.26	−14.86	供需平衡	8 462.35	10 282.73	1 820.38	供大于求	3 718.29	3 920.92	202.63	供大于求	1 573.49	1 469.86	−103.63	供小于求
怀远县	147 863.49	147 663.51	−199.98	供小于求	30 416.53	27 885.14	−2 531.39	供小于求	4 519.98	4 328.16	−191.82	供小于求	4 012.86	4 385.24	372.38	供大于求
五河县	88 364.12	88 859.32	495.20	供大于求	19 612.42	18 129.52	−1 482.90	供小于求	3 678.24	3 213.52	−464.72	供小于求	4 051.26	4 065.03	13.77	供需平衡
固镇县	93 770.86	94 944.04	1 173.18	供大于求	20 510.46	18 575.14	−1 935.32	供小于求	4 273.31	3 363.20	−910.11	供小于求	2 960.66	3 047.10	86.44	供需平衡
大通区	13 970.67	14 300.00	329.33	供大于求	7 498.36	6 966.67	−531.69	供小于求	3 880.21	4 026.67	146.46	供大于求	2 003.61	1 866.67	−136.94	供小于求

行政单元	耕地				建设用地				城镇工矿用地				交通水利及其他建设用地			
	需求量	供给量	供需差值	供需状况	需求量	供给量	供需差值	供需状况	需求量	供给量	供需差值	供需状况	需求量	供给量	供需差值	供需状况
田家庵区	10 865.07	10 786.66	−78.41	供需平衡	9 964.60	9 866.67	−97.93	供需平衡	6 921.47	7 340.00	418.53	供大于求	1 256.96	1 600.00	343.04	供大于求
谢家集区	13 647.99	12 880.00	−767.99	供小于求	5 014.51	5 400.00	385.49	供大于求	2 270.00	2 446.67	176.67	供大于求	868.69	1 160.00	291.31	供大于求
八公山区	3 213.55	1 293.33	−1 920.21	供小于求	3 604.15	2 660.00	−944.15	供小于求	2 084.46	1 573.33	−511.13	供小于求	742.56	1 006.67	264.11	供大于求
潘集区	37 503.92	35 180.00	−2 323.92	供小于求	11 422.89	11 153.33	−269.56	供小于求	3 842.29	3 820.00	−22.29	供需平衡	2 259.18	2 280.00	20.82	供需平衡
凤台县	64 131.59	63 573.34	−558.25	供小于求	19 140.22	20 033.33	893.11	供大于求	4 823.86	5 153.34	329.48	供大于求	3 879.56	4 286.66	407.10	供大于求
寿　县	195 627.02	195 986.67	359.65	供大于求	36 529.94	35 420.00	−1 109.94	供小于求	6 939.05	6 306.67	−632.38	供小于求	6 909.95	6 366.67	−543.28	供小于求
博望区	16 347.20	16 120.00	−227.20	供小于求	5 780.44	6 240.00	459.56	供大于求	1 777.69	1 846.67	68.98	供需平衡	884.25	1 340.00	455.75	供大于求
花山区	2 722.14	2 533.33	−188.81	供小于求	7 910.74	8 246.67	335.93	供大于求	6 254.45	6 826.67	572.22	供大于求	653.15	900.00	246.85	供大于求
雨山区	3 096.85	3 133.33	36.48	供需平衡	9 568.23	9 600.00	31.77	供需平衡	7 593.48	7 586.67	−6.81	供需平衡	850.01	1 053.34	203.33	供大于求
当涂县	42 310.21	42 166.67	−143.54	供小于求	15 181.17	14 866.67	−314.50	供小于求	5 293.24	5 393.33	100.09	供大于求	2 377.83	2 666.67	288.84	供大于求
含山县	46 016.64	46 000.00	−16.64	供需平衡	14 023.56	13 966.67	−56.89	供需平衡	3 598.64	3 626.67	28.03	供需平衡	3 537.20	3 500.00	−37.20	供需平衡
和　县	63 857.97	63 500.00	−357.97	供小于求	19 868.85	19 906.67	37.82	供需平衡	5 497.68	5 386.67	−111.01	供小于求	5 370.21	5 373.33	3.12	供需平衡
杜集区	8 077.28	6 830.00	−1 247.28	供小于求	9 518.74	10 640.00	1 121.26	供大于求	4 528.45	5 050.00	521.55	供大于求	2 278.04	2 740.00	461.96	供大于求
相山区	4 460.09	3 800.00	−660.09	供小于求	7 351.91	7 550.00	198.09	供大于求	5 063.76	5 100.00	36.24	供需平衡	725.35	750.00	24.65	供需平衡
烈山区	15 978.14	15 980.00	1.86	供需平衡	11 709.36	11 210.00	−499.36	供小于求	4 340.94	3 800.00	−540.94	供小于求	4 141.37	3 910.00	−231.37	供小于求
濉溪县	137 927.31	137 390.00	−537.31	供小于求	37 195.42	36 860.00	−335.42	供小于求	8 910.32	8 716.67	−193.65	供小于求	6 562.40	6 733.33	170.93	供大于求
铜官区	998.45	913.83	−84.62	供需平衡	5 600.67	5 796.06	195.39	供大于求	4 745.13	4 976.89	231.76	供大于求	470.70	424.33	−46.37	供需平衡
义安区	22 805.27	22 396.30	−408.97	供小于求	18 507.79	17 496.48	−1 011.31	供小于求	8 064.14	7 446.20	−617.94	供小于求	3 838.24	3 574.62	−263.62	供小于求
郊　区	1 020.94	7 507.80	6 486.86	供大于求	4 020.50	5 520.86	1 500.36	供大于求	2 645.71	3 461.15	815.44	供大于求	800.52	1 161.86	361.34	供大于求
枞阳县	68 547.03	62 006.26	−6 540.77	供小于求	29 497.48	29 231.88	−265.60	供小于求	4 670.50	4 558.05	−112.45	供小于求	5 491.03	5 313.09	−177.94	供小于求
迎江区	4 064.68	3 400.00	−664.68	供小于求	6 016.69	6 760.00	743.31	供大于求	3 873.72	5 166.67	1 292.95	供大于求	900.70	733.33	−167.37	供小于求
大观区	4 127.49	9 000.00	4 872.51	供大于求	4 978.81	6 126.66	1 147.85	供大于求	2 998.10	4 966.67	1 968.57	供大于求	721.26	440.00	−281.26	供小于求
宜秀区	8 024.35	8 206.67	182.32	供大于求	9 602.50	9 800.00	197.50	供大于求	5 778.04	6 386.67	608.63	供大于求	1 357.34	1 126.67	−230.67	供小于求
怀宁县	58 259.94	52 646.67	−5 613.27	供小于求	23 692.13	22 340.00	−1 352.13	供小于求	5 524.27	3 846.67	−1 677.60	供小于求	3 507.49	2 780.00	−727.49	供小于求
潜山县	40 337.22	40 326.67	−10.55	供需平衡	18 349.65	18 053.33	−296.32	供小于求	2 601.59	2 140.00	−461.59	供小于求	2 462.29	3 000.00	537.71	供大于求
太湖县	46 033.30	45 500.00	−533.30	供小于求	19 593.29	19 266.67	−326.62	供小于求	2 414.35	1 880.00	−534.35	供小于求	5 458.06	5 993.33	535.27	供大于求

行政单元	耕地				建设用地				城镇工矿用地				交通水利及其他建设用地			
	需求量	供给量	供需差值	供需状况	需求量	供给量	供需差值	供需状况	需求量	供给量	供需差值	供需状况	需求量	供给量	供需差值	供需状况
宿松县	81 113.93	80 920.00	−193.93	供小于求	24 025.85	23 700.00	−325.85	供小于求	4 096.36	4 000.00	−96.36	供需平衡	4 568.00	4 533.33	−34.67	供需平衡
望江县	63 248.66	63 226.66	−22.00	供需平衡	18 741.48	19 180.00	438.52	供大于求	3 244.33	2 573.33	−671.00	供小于求	3 771.67	4 480.00	708.33	供大于求
岳西县	19 895.69	19 466.66	−429.03	供小于求	11 880.11	10 886.67	−993.44	供小于求	1 831.16	1 413.33	−417.83	供小于求	1 749.09	1 586.67	−162.42	供小于求
桐城市	53 632.11	53 240.00	−392.11	供小于求	23 147.70	21 606.67	−1 541.03	供小于求	6 494.60	4 873.33	−1 621.27	供小于求	3 932.87	3 786.67	−146.20	供小于求
屯溪区	4 384.72	4 519.94	135.22	供大于求	6 231.54	6 295.60	64.06	供需平衡	4 002.56	4 582.40	579.84	供大于求	979.68	942.67	−37.01	供需平衡
黄山区	10 634.40	10 670.73	36.33	供需平衡	11 675.32	11 932.80	257.48	供大于求	2 784.27	3 070.73	286.46	供大于求	6 547.65	6 728.87	181.22	供大于求
徽州区	5 492.62	5 520.80	28.18	供需平衡	3 226.45	3 298.80	72.35	供需平衡	1 648.60	1 832.27	183.67	供大于求	531.26	522.13	−9.13	供需平衡
歙　县	12 664.62	12 600.93	−63.69	供需平衡	11 241.52	11 119.93	−121.59	供小于求	3 370.64	3 263.47	−107.17	供小于求	1 606.83	1 655.13	48.30	供需平衡
休宁县	17 120.35	16 700.73	−419.62	供小于求	6 951.29	7 042.87	91.58	供需平衡	1 816.53	1 934.07	117.54	供大于求	1 552.68	1 818.47	265.79	供大于求
黟　县	8 115.22	8 150.67	35.45	供需平衡	2 980.44	2 945.00	−35.44	供需平衡	971.52	966.73	−4.79	供需平衡	702.01	712.67	10.66	供需平衡
祁门县	9 750.00	9 709.53	−40.47	供需平衡	4 541.38	4 551.67	10.29	供需平衡	1 042.50	1 017.00	−25.50	供需平衡	1 410.54	1 460.07	49.53	供需平衡
琅琊区	8 064.71	7 702.35	−362.36	供小于求	10 812.23	10 775.91	−36.32	供需平衡	6 012.35	6 897.19	884.84	供大于求	2 300.12	2 115.24	−184.88	供小于求
南谯区	41 659.67	39 135.97	−2 523.70	供小于求	19 586.49	25 986.37	6 399.88	供大于求	7 082.12	12 120.04	5 037.92	供大于求	6 670.25	6 713.42	43.17	供需平衡
来安县	82 045.27	81 386.15	−659.12	供小于求	26 767.36	25 995.46	−771.90	供小于求	1 144.29	4 729.64	3 585.35	供大于求	8 029.18	8 045.89	16.71	供需平衡
全椒县	78 489.05	78 763.54	274.49	供大于求	22 537.75	20 457.34	−2 080.41	供小于求	6 239.56	4 276.47	−1 963.09	供小于求	8 184.01	7 889.84	−294.17	供小于求
定远县	184 043.27	183 248.76	−794.51	供小于求	45 514.32	43 257.96	−2 256.36	供小于求	5 657.08	4 663.88	−993.20	供小于求	15 893.19	16 185.43	292.24	供大于求
凤阳县	108 045.23	108 014.83	−30.40	供需平衡	29 539.07	27 759.58	−1 779.49	供小于求	7 342.44	5 547.14	−1 795.30	供小于求	7 139.15	6 967.69	−171.46	供小于求
天长市	98 511.91	98 589.39	77.48	供需平衡	36 236.25	34 649.92	−1 586.33	供小于求	7 544.73	6 070.50	−1 474.23	供小于求	9 910.46	9 862.26	−48.20	供需平衡
明光市	116 234.91	114 799.01	−1 435.90	供小于求	22 885.51	22 310.79	−574.72	供小于求	4 617.01	3 695.14	−921.87	供小于求	6 317.93	6 420.24	102.31	供大于求
颍州区	33 835.05	34 433.89	598.84	供大于求	20 423.42	20 468.42	45.00	供需平衡	8 868.01	7 771.15	−1 096.86	供小于求	2 223.56	2 180.00	−43.56	供需平衡
颍东区	44 460.54	44 711.66	251.12	供大于求	15 390.58	15 435.55	44.97	供需平衡	3 437.04	3 663.00	225.96	供大于求	2 111.86	2 105.04	−6.82	供需平衡
颍泉区	40 890.48	40 728.93	−161.55	供小于求	15 552.39	15 868.19	315.80	供大于求	3 104.11	3 363.14	259.03	供大于求	2 099.05	2 308.64	209.59	供大于求
临泉县	123 245.10	123 114.07	−131.03	供小于求	38 108.15	37 679.91	−428.24	供小于求	4 953.71	4 725.66	−228.05	供小于求	2 373.85	2 366.97	−6.88	供需平衡
太和县	128 173.79	128 508.88	335.09	供大于求	36 224.03	34 980.97	−1 243.06	供小于求	7 574.28	5 985.87	−1 588.41	供小于求	3 751.13	3 980.55	229.42	供大于求
阜南县	108 703.13	107 594.97	−1 108.16	供小于求	34 012.33	33 593.59	−418.74	供小于求	4 281.65	4 201.80	−79.85	供需平衡	3 231.49	3 237.47	5.98	供需平衡
颍上县	123 516.70	124 442.87	926.17	供大于求	38 890.41	37 530.14	−1 360.27	供小于求	5 982.21	5 615.12	−367.09	供小于求	5 824.56	6 071.89	247.33	供大于求
界首市	43 295.27	42 951.40	−343.87	供小于求	15 375.69	15 406.23	30.54	供需平衡	4 466.05	4 674.26	208.21	供大于求	1 230.19	1 280.09	49.90	供需平衡
埇桥区	173 790.95	171 288.08	−2 502.87	供小于求	56 931.19	55 386.67	−1 544.52	供小于求	15 757.31	13 419.99	−2 337.32	供小于求	14 131.55	14 015.19	−116.36	供小于求
砀山县	26 169.07	25 181.19	−987.88	供小于求	22 471.22	22 766.67	295.45	供大于求	3 180.39	3 440.00	259.61	供大于求	2 186.14	2 014.28	−171.86	供小于求

行政单元	耕地				建设用地				城镇工矿用地				交通水利及其他建设用地			
	需求量	供给量	供需差值	供需状况	需求量	供给量	供需差值	供需状况	需求量	供给量	供需差值	供需状况	需求量	供给量	供需差值	供需状况
萧　县	100 382.20	99 078.00	−1 304.20	供小于求	38 125.43	38 306.67	181.24	供大于求	5 470.64	5 460.00	−10.64	供需平衡	7 032.05	7 208.07	176.02	供大于求
灵璧县	141 337.33	140 339.95	−997.38	供小于求	33 357.78	33 553.33	195.55	供大于求	3 569.08	3 526.67	−42.41	供需平衡	6 075.01	6 121.24	46.23	供需平衡
泗　县	130 197.31	129 672.78	−524.53	供小于求	32 797.70	32 853.33	55.63	供需平衡	3 852.16	3 486.67	−365.49	供小于求	5 422.92	5 647.89	224.97	供大于求
金安区	81 976.97	82 693.33	716.36	供大于求	31 570.37	30 026.67	−1 543.70	供小于求	11 593.13	9 993.33	−1 599.80	供小于求	3 075.05	2 500.00	−575.05	供小于求
裕安区	85 229.20	84 986.67	−242.53	供小于求	36 093.09	35 813.33	−279.76	供小于求	8 306.00	7 566.67	−739.33	供小于求	4 156.12	3 893.33	−262.79	供小于求
叶集区	30 997.36	30 813.34	−184.02	供小于求	11 021.06	11 060.00	38.94	供需平衡	2 794.85	2 446.67	−348.18	供小于求	1 726.35	2 493.33	766.98	供大于求
霍邱县	196 739.96	196 693.33	−46.63	供需平衡	44 452.26	44 533.33	81.07	供需平衡	6 631.02	6 846.67	215.65	供大于求	8 902.16	8 340.00	−562.16	供小于求
舒城县	61 171.45	61 006.67	−164.79	供小于求	26 604.94	26 680.00	75.06	供需平衡	4 535.57	4 693.33	157.76	供大于求	6 231.28	6 526.67	295.38	供大于求
金寨县	39 779.11	39 060.00	−719.11	供小于求	28 011.12	26 653.33	−1 357.79	供小于求	4 599.79	2 980.00	−1 619.79	供小于求	11 780.71	11 020.00	−760.71	供小于求
霍山县	23 389.97	22 280.00	−1 109.97	供小于求	13 284.80	13 100.00	−184.80	供小于求	3 712.79	3 473.33	−239.46	供小于求	3 519.10	3 513.33	−5.77	供需平衡
谯城区	150 144.35	148 154.40	−1 989.95	供小于求	48 693.27	48 040.00	−653.27	供小于求	14 834.96	12 224.86	−2 610.10	供小于求	7 681.66	7 880.01	198.35	供大于求
涡阳县	154 851.30	153 500.36	−1 350.94	供小于求	33 684.22	34 386.66	702.44	供大于求	5 291.57	5 476.94	185.37	供大于求	5 606.70	6 019.99	413.29	供大于求
蒙城县	153 725.16	153 194.99	−530.17	供小于求	35 063.64	34 940.00	−123.64	供小于求	5 435.65	5 052.55	−383.10	供小于求	3 220.54	3 353.33	132.79	供大于求
利辛县	141 948.55	141 296.92	−651.63	供小于求	34 707.56	34 686.67	−20.89	供需平衡	4 732.36	4 578.98	−153.38	供小于求	4 749.00	5 086.67	337.67	供大于求
贵池区	49 028.41	47 673.33	−1 355.08	供小于求	30 071.61	29 226.67	−844.94	供小于求	12 602.60	11 953.33	−649.27	供小于求	6 074.83	5 886.67	−188.16	供小于求
东至县	57 376.56	57 726.67	350.11	供大于求	20 537.48	19 493.33	−1 044.15	供小于求	4 987.22	4 093.33	−893.89	供小于求	4 938.08	4 880.00	−58.08	供需平衡
石台县	4 817.28	4 740.00	−77.28	供需平衡	3 366.00	3 406.67	40.67	供需平衡	935.74	986.67	50.93	供需平衡	639.28	653.33	14.05	供需平衡
青阳县	24 803.82	24 346.67	−457.15	供小于求	10 630.69	10 580.00	−50.69	供需平衡	4 108.44	3 940.00	−168.44	供小于求	2 019.04	1 986.67	−32.37	供需平衡
宣州区	87 573.99	87 493.33	−80.66	供需平衡	33 003.52	32 986.66	−16.86	供需平衡	10 780.26	10 653.33	−126.93	供小于求	4 850.69	5 033.33	182.64	供大于求
郎溪县	43 436.52	42 893.33	−543.19	供小于求	15 092.53	15 166.67	74.14	供需平衡	4 703.22	4 353.33	−349.89	供小于求	3 480.23	3520	39.77	供需平衡
广德县	43 175.14	42 586.67	−588.47	供小于求	24 969.33	24 200	−769.33	供小于求	5 416.33	6000	583.67	供大于求	3 956.14	3 486.67	−469.47	供小于求
泾　县	28 039.14	27 713.33	−325.81	供小于求	11 225.24	11 046.67	−178.57	供小于求	3 741.49	3 286.67	−454.82	供小于求	1 708.7	1 726.67	17.97	供需平衡
绩溪县	13 211.69	13 093.33	−118.36	供小于求	5 830.07	5600	−230.07	供小于求	2 522.45	2220	−302.45	供小于求	1 476.48	1 493.33	16.85	供需平衡
旌德县	15 935.07	15 940.00	4.93	供需平衡	4 439.8	4340	−99.8	供需平衡	1 477.8	1340	−137.8	供小于求	667.59	713.33	45.74	供需平衡
宁国市	17 523.87	17 486.67	−37.20	供需平衡	16 076.54	16 146.67	70.13	供需平衡	5 381.36	5480	98.64	供需平衡	4 805.61	4 766.67	−38.94	供需平衡

在确保完成《意见》中要求的下降目标情况下，结合各地区经济社会发展、土地利用实际及发展趋势，测算了安徽省各县区 2016 年度、2017 年度、2018 年度建设用地使用面积的下降率，并提出了 2019 年、2020 年的下降目标（表 4-15）。

表 4-15　安徽省各县（市、区）建设用地使用面积下降率　单位：%

行政单元	各年度面积下降率					“十三五”面积下降率（2016—2020 年）
	2016 年	2017 年	2018 年	2019 年	2020 年	
瑶海区	7.15	8.61	7.90	4.85	4.85	22
庐阳区	7.15	8.61	7.90	4.85	4.85	
蜀山区	7.15	8.61	7.90	4.85	4.85	
包河区	7.15	8.61	7.90	4.85	4.85	
长丰县	7.68	6.59	9.64	5.22	5.22	
肥东县	7.68	8.13	7.71	5.17	5.17	
肥西县	6.51	8.31	6.96	4.80	4.80	
庐江县	8.99	9.34	8.30	5.49	5.49	
巢湖市	5.66	8.38	7.20	4.70	4.70	
合肥市	**7.15**	**8.61**	**7.90**	**4.85**	**4.85**	
镜湖区	7.68	9.03	7.36	4.85	4.85	22
弋江区	7.68	9.03	7.36	4.85	4.85	
鸠江区	7.68	9.03	7.36	4.85	4.85	
三山区	7.68	9.03	7.36	4.85	4.85	
芜湖县	7.75	9.19	7.62	5.37	5.37	
繁昌县	7.59	6.64	7.51	5.37	5.37	
南陵县	9.45	8.78	7.38	5.37	5.37	
无为县	6.56	8.79	7.58	5.37	5.37	
芜湖市	**7.68**	**9.03**	**7.36**	**4.85**	**4.85**	
龙子湖区	8.17	9.10	7.48	4.85	4.85	22
蚌山区	8.17	9.10	7.48	4.85	4.85	
禹会区	8.17	9.10	7.48	4.85	4.85	
淮上区	8.17	9.10	7.48	4.85	4.85	
怀远县	16.23	8.90	6.36	4.85	4.85	
五河县	21.58	7.49	6.58	4.85	4.85	
固镇县	8.15	9.27	6.94	4.85	4.85	
蚌埠市	**8.17**	**9.10**	**7.48**	**4.85**	**4.85**	
大通区	5.07	6.71	3.78	4.36	4.36	20
田家庵区	5.07	6.71	3.78	4.36	4.36	
谢家集区	5.07	6.71	3.78	4.36	4.36	
八公山区	5.07	6.71	3.78	4.36	4.36	
潘集区	5.07	6.71	3.78	4.36	4.36	
凤台县	3.15	6.85	4.43	4.36	4.36	
寿　县	6.84	10.11	7.94	4.36	4.36	
淮南市	**5.07**	**6.71**	**3.78**	**4.36**	**4.36**	

行政单元	各年度面积下降率					“十三五”面积下降率（2016—2020年）
	2016年	2017年	2018年	2019年	2020年	
博望区	6.58	8.68	7.08	4.61	4.61	21
花山区	6.58	8.68	7.08	4.61	4.61	
雨山区	6.58	8.68	7.08	4.61	4.61	
当涂县	7.56	8.09	6.79	4.85	4.85	
含山县	8.23	8.24	7.13	5.34	5.34	
和　县	7.11	8.28	7.34	5.34	5.34	
马鞍山市	**6.58**	**8.68**	**7.08**	**4.61**	**4.61**	
杜集区	3.82	6.70	3.18	4.85	4.85	22
相山区	3.82	6.70	3.18	4.85	4.85	
烈山区	3.82	6.70	3.18	4.85	4.85	
濉溪县	7.36	9.49	6.64	4.85	4.85	
淮北市	**3.82**	**6.70**	**3.18**	**4.85**	**4.85**	
铜官区	7.42	8.35	3.57	4.61	4.61	21
义安区	7.42	8.35	3.57	4.61	4.61	
郊　区	7.42	8.35	3.57	4.61	4.61	
枞阳县	6.38	7.66	5.66	4.85	4.85	
铜陵市	**7.42**	**8.35**	**3.57**	**4.61**	**4.61**	
迎江区	6.39	6.64	7.36	4.85	4.85	22，其中：宿松县为23
大观区	6.39	6.64	7.36	4.85	4.85	
宜秀区	6.39	6.64	7.36	4.85	4.85	
怀宁县	6.77	7.21	7.56	5.59	5.59	
潜山县	6.33	6.52	7.75	6.10	6.10	
太湖县	6.82	6.63	8.77	6.89	6.89	
宿松县	6.54	7.11	7.69	5.09	5.09	
望江县	6.58	7.13	7.97	5.00	5.00	
岳西县	6.74	7.02	6.90	6.10	6.10	
桐城市	6.31	7.20	7.28	5.09	5.09	
安庆市	**6.39**	**6.64**	**7.36**	**4.85**	**4.85**	
屯溪区	6.08	7.10	6.62	4.61	4.61	21
黄山区	5.90	5.67	6.91	4.85	4.85	
徽州区	6.08	7.10	6.62	4.61	4.61	
歙　县	6.28	6.58	6.94	4.61	4.61	
休宁县	6.74	6.84	5.55	4.61	4.61	
黟　县	6.07	6.17	7.52	4.61	4.61	
祁门县	6.75	7.18	6.77	4.61	4.61	
黄山市	**6.08**	**7.10**	**6.62**	**4.61**	**4.61**	

行政单元	各年度面积下降率					“十三五”面积下降率（2016—2020 年）
	2016 年	2017 年	2018 年	2019 年	2020 年	
琅琊区	7.47	8.42	8.76	5.34	5.34	24
南谯区	7.47	8.42	8.76	5.34	5.34	
来安县	7.66	8.72	9.69	6.00	6.00	
全椒县	6.89	8.62	9.85	5.60	5.60	
定远县	7.76	7.65	6.08	6.00	6.00	
凤阳县	6.72	6.85	8.20	5.60	5.60	
天长市	8.12	9.42	7.66	5.40	5.40	
明光市	7.07	3.12	7.15	5.60	5.60	
滁州市	**7.47**	**8.42**	**8.76**	**5.34**	**5.34**	
颍州区	7.30	7.67	8.79	5.34	5.34	24
颍东区	7.30	7.67	8.79	5.34	5.34	
颍泉区	7.30	7.67	8.79	5.34	5.34	
临泉县	7.35	7.09	7.87	6.62	6.62	
太和县	8.10	9.51	9.22	5.59	5.59	
阜南县	6.20	5.76	7.80	6.10	6.10	
颍上县	7.44	7.66	9.84	5.59	5.59	
界首市	8.86	9.39	10.44	5.59	5.59	
阜阳市	**7.30**	**7.67**	**8.79**	**5.34**	**5.34**	
埇桥区	7.60	5.25	7.78	5.34	5.34	24
砀山县	7.24	7.87	7.61	5.97	5.97	
萧　县	7.97	7.72	8.90	4.63	4.63	
灵璧县	8.05	6.98	7.30	6.03	6.03	
泗　县	7.58	5.95	8.48	5.65	5.65	
宿州市	**7.60**	**5.25**	**7.78**	**5.34**	**5.34**	
金安区	5.84	2.68	8.96	5.59	5.59	25
裕安区	5.84	2.68	8.96	5.59	5.59	
叶集区	5.07	2.54	−1.08	6.10	6.10	
霍邱县	−0.01	−3.88	5.49	6.10	6.10	
舒城县	7.97	1.30	6.59	5.34	5.34	
金寨县	0.72	−0.49	17.25	6.89	6.89	
霍山县	5.52	1.72	8.67	4.36	4.36	
六安市	**5.84**	**2.68**	**8.96**	**5.59**	**5.59**	
谯城区	7.35	8.34	9.48	5.34	5.34	24
涡阳县	9.19	8.17	9.84	5.39	5.39	
蒙城县	7.90	8.27	8.92	5.39	5.39	
利辛县	7.37	7.74	8.41	5.39	5.39	
亳州市	**7.35**	**8.34**	**9.48**	**5.34**	**5.34**	

行政单元	各年度面积下降率					"十三五"面积下降率（2016—2020年）
	2016年	2017年	2018年	2019年	2020年	
贵池区	6.60	−0.40	5.09	4.85	4.85	22
东至县	7.29	1.58	5.05	5.34	5.34	
石台县	5.41	39.11	6.02	4.85	4.85	
青阳县	6.10	1.73	6.19	5.09	5.09	
池州市	**6.60**	**−0.40**	**5.09**	**4.85**	**4.85**	
宣州区	8.20	6.34	7.14	5.09	5.09	23，其中：广德县24
郎溪县	7.73	7.92	7.15	6.10	6.10	
广德县	7.44	7.57	8.74	5.34	5.34	
泾　县	7.11	9.11	5.76	5.34	5.34	
绩溪县	7.05	7.28	3.89	4.36	4.36	
旌德县	6.64	6.49	5.82	4.84	4.84	
宁国市	8.01	8.66	7.55	4.36	4.36	
宣城市	**7.71**	**7.60**	**7.14**	**5.09**	**5.09**	
全省	**7.12**	**7.63**	**7.50**	**4.85**	**4.85**	**22**

注：本表测算使用的国内生产总值数据是依据调整后的行政区划、以2005年为基期的可比价数据。

从安徽省土地资源开发利用效率分析结果来看，各县（市、区）土地资源开发利用效率在不同年份和不同区域之间都存在着较大的差异，总体来说，2016—2020年，大部分县（市、区）的土地开发利用率是不断提高的，即单位GDP建设用地使用面积下降率不断降低。其中降幅较明显的是怀远县和五河县；下降率有所上升的有金寨县、霍邱县、凤台县、杜集区、相山区、烈山区、叶集区、望江县和太湖县，其中金寨县、霍邱县上升幅度较大。

4.2.4 土地资源利用上线目标

根据《国土资源部关于安徽省土地利用总体规划（2006—2020年）有关指标调整的函》（国土资函〔2017〕355号）和《安徽省国土资源厅　安徽省发展和改革委员会转发〈关于落实"十三五"单位国内生产总值建设用地使用面积下降目标的指导意见〉的通知》（皖国土资函〔2017〕126号），截至2020年，安徽省土地利用将继续实施最严格的耕地保护制度，维护国家粮食安全；认真落实土地节约集约利用的各项政策，提高土地节约集约利用水平，保障经济社会发展的必要用地；明确差别化的土地利用政策，统筹区域土地利用，推进城乡经济社会发展一体化；协调土地利用与生态建设的关系，促进全省生态环境良性发展。

到2020年，全省耕地保有量保持在582.40万 hm^2 以上，确保基本农田数量不低于491.87万 hm^2；林地面积不低于376.53万 hm^2；建设用地总规模达到205.60万 hm^2，城乡建设用地规模控制在164.99万 hm^2 以内，交通、水利及其他用地规模将达到40.61万 hm^2；人均城镇工矿用地控制在150 m^2，单位国内生产总值建设用地使用面积年度下降率不低于4.85%。各市土地利用目标见表4-16。

表 4-16 2020 年各市土地利用目标

行政区	耕地保有量/hm^2	基本农田/hm^2	林地/hm^2	建设用地/hm^2	城乡建设用地/hm^2	城镇工矿用地/hm^2	交通水利及其他建设用地/hm^2	人均城镇工矿/（m^2/人）	单位 GDP 建设用地使用面积下降率/%
合肥市	556 406.67	464 046.67	107 940.00	230 986.67	181 533.33	82 666.67	49 453.33	132	4.85
芜湖市	264 593.33	220 926.67	94 653.58	117 080.00	94 153.33	47 333.33	22 926.67	174	4.85
蚌埠市	375 866.67	317 606.67	17 053.33	97 253.33	81 313.33	27 333.33	15 940.00	131	4.85
淮南市	334 000.00	275 746.67	7 120.00	91 500.00	72 933.33	30 666.67	18 566.67	126	4.36
马鞍山市	173 453.33	146 566.67	59 000.00	72 826.67	57 993.33	30 666.67	14 833.33	178	4.61
淮北市	163 993.33	138 580.00	8 086.67	66 266.67	52 126.67	22 666.67	14 133.33	146	4.85
铜陵市	92 820.00	76 693.33	72 393.33	58 046.67	47 573.33	20 440.00	10 473.33	172	4.85
安庆市	375 933.33	311 140.00	541 440.00	157 720.00	129 266.67	37 246.67	28 460.00	158	4.85
黄山市	67 873.33	55 946.67	740 273.33	47 186.67	33 346.67	16 666.67	13 840.00	197	4.61
滁州市	711 640.00	601 333.33	177 880.00	211 193.33	146 993.33	48 000.00	64 200.00	195	5.34
阜阳市	646 486.67	553 766.67	34 520.00	210 960.00	187 433.33	40 000.00	23 533.33	120	5.34
宿州市	565 560.00	486 380.00	48 820.00	182 866.67	147 860.00	29 333.33	35 006.67	120	5.34
六安市	517 533.33	433 693.33	604 400.00	187 866.67	149 580.00	38 000.00	38 286.67	151	5.59
亳州市	596 146.67	512 686.67	17 206.67	152 053.33	129 713.33	27 333.33	22 340.00	126	5.34
池州市	134 486.67	110 953.33	536 173.33	62 706.67	49 300.00	20 980.00	13 406.67	198	4.85
宣城市	2 477 206.60	212 600.00	698 300.00	109 486.67	88 746.67	33 333.33	20 740.00	197	5.09
全省	5 824 000.00	4 918 666.67	3 765 260.25	2 056 000.00	1 649 866.67	552 666.67	406 140.00	150	4.85

4.2.5 资源利用管控分区

土地资源管控区划分为重点管控区和一般管控区。

重点管控区是指具有一定经济基础、资源环境承载力较强、发展潜力较大、集聚人口和经济条件较好，可进行大规模工业化、城镇化开发的区域，与《安徽省主体功能区规划》中的国家重点开发区域相符；除重点管控区以外的其他区域为一般管控区。

根据分析和划定结果，安徽省土地资源共划分 105 个管控区。其中重点管控区 28 个，面积 22 620.00 km²，占全省国土面积的 16.14%；一般管控区 77 个，面积 117 554.39 km²，占全省国土面积的 83.86%（表 4-17 和图 4-9）。

表 4-17 安徽省土地资源管控分区划定成果

行政区	辖区面积/km²	重点管控区			一般管控区		
		个数	面积/km²	占比/%	个数	面积/km²	占比/%
合肥市	11 445.06	6	5 213.79	45.55	3	6 231.27	54.45
芜湖市	6 026.05	6	4 116.99	68.32	2	1 909.06	31.68
蚌埠市	5 950.72	0	0.00	0.00	7	5 950.72	100.00
淮南市	5 532.30	0	0.00	0.00	7	5 532.30	100.00
马鞍山市	4 049.13	5	3 021.33	74.62	1	1 027.80	25.38
淮北市	2 741.39	0	0.00	0.00	4	2 741.39	100.00
铜陵市	2 922.60	4	2 922.60	100.00	0	0.00	0.00
安庆市	13 537.96	3	810.29	5.99	7	12 727.67	94.01
黄山市	9 678.39	0	0.00	0.00	7	9 678.39	100.00
滁州市	13 515.99	2	1 405.47	10.40	6	12 110.52	89.60
阜阳市	10 118.17	0	0.00	0.00	8	10 118.17	100.00
宿州市	9 938.77	0	0.00	0.00	5	9 938.77	100.00
六安市	15 450.82	0	0.00	0.00	7	15 450.82	100.00
亳州市	8 521.23	0	0.00	0.00	4	8 521.23	100.00
池州市	8 398.72	1	2 538.88	30.23	3	5 859.84	69.77
宣城市	12 312.55	1	2 585.14	21.00	6	9 727.41	79.00
全省	140 139.85	28	22 614.49	16.14	77	117 525.36	83.86

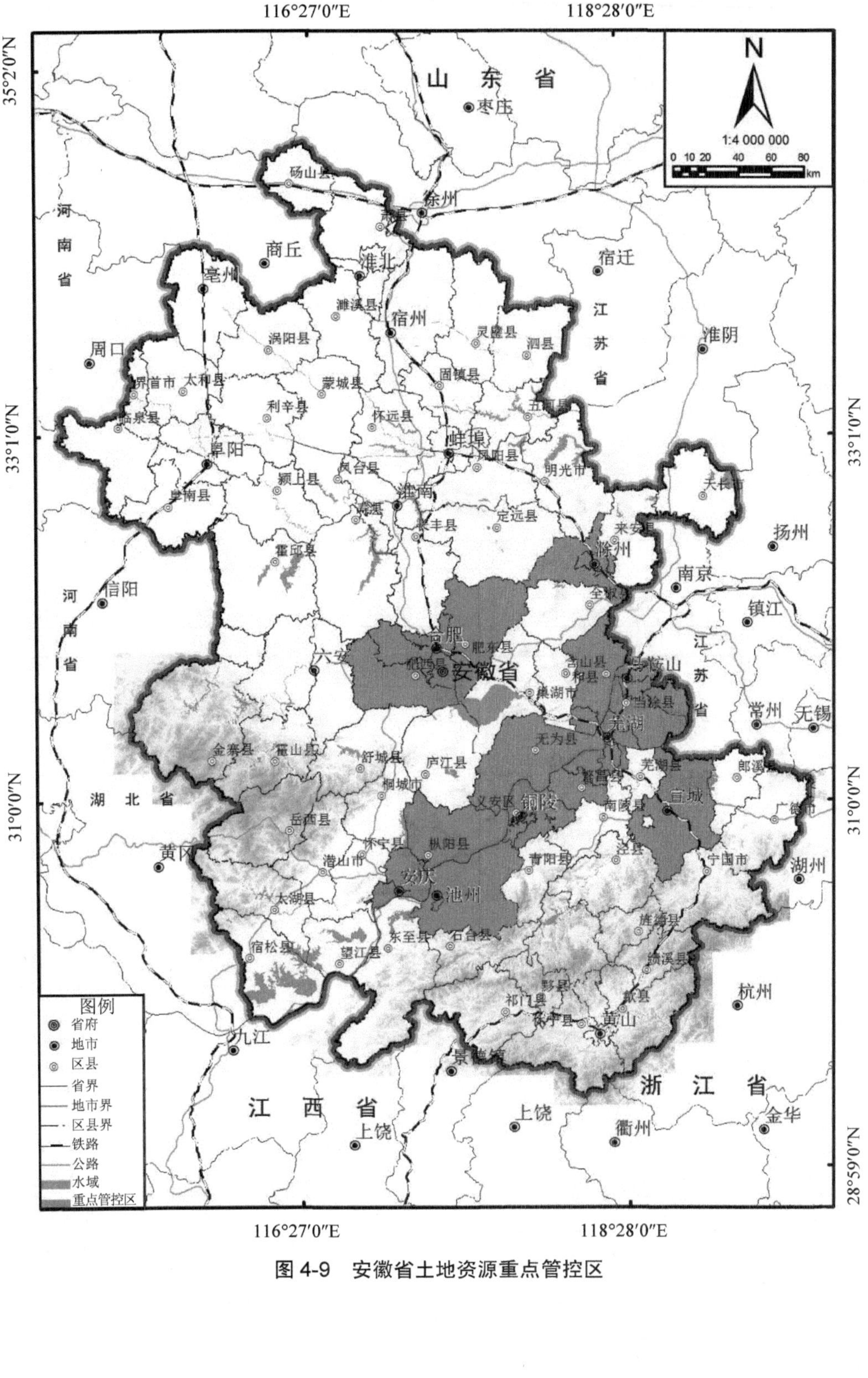

图 4-9　安徽省土地资源重点管控区

4.3 煤炭资源利用上线与分区

4.3.1 煤炭资源利用现状

根据安徽省统计局相关数据，安徽省 2015—2017 年全社会煤炭消费逐年增长，特别是 2017 年同比增长约 3.9%，涨幅较往年有所增大。煤炭消费量及规模以上工业企业煤炭消费量见表 4-18。

表 4-18　2015—2017 年煤炭消费情况　　单位：万 t

项目	2015 年	2016 年	2017 年
全社会煤炭消费量	15 671	15 729	16 300
规模以上工业企业煤炭消费量	14 551	14 604	15 190
1. 终端消费	3 567	3 563	3 479
2. 中间消费	9 830	10 276	11 077
（1）发电	8 014	8 426	9 116
其中超低排放发电	1 282	4 297	8 204
（2）炼焦	1 313	1 341	1 421
（3）供热	418	430	433
（4）制气等	85	79	107
3. 洗选损耗	1 152	766	632

4.3.2 煤炭资源利用目标

根据《关于印发安徽省煤炭消费减量替代工作方案（2018—2020 年）的通知》（皖发改环资〔2017〕807 号），通过采取减量、替代措施，煤炭消费总量较 2015 年下降 5%左右。各市目标值见表 4-19。

表 4-19　煤炭资源利用目标　　单位：万 t

行政区	2015 年煤炭消费总量	2020 年较 2015 年煤炭消费减量目标	2020 年煤炭消费总量
合肥市	1 636.53	81.87	1 554.66
淮北市	1 878.00	93.95	1 784.05
亳州市	299.93	15.00	284.93
宿州市	1 084.13	54.24	1 029.89
蚌埠市	610.99	30.57	580.42
阜阳市	927.77	46.41	881.36
淮南市	3 367.16	168.50	3 198.66
滁州市	314.42	15.73	298.69
六安市	405.58	20.29	385.29

行政区	2015 年煤炭消费总量	2020 年较 2015 年煤炭消费减量目标	2020 年煤炭消费总量
马鞍山市	2 187.24	109.40	2 077.84
芜湖市	1 165.17	58.29	1 106.88
宣城市	491.40	24.58	466.82
铜陵市	1 368.54	68.46	1 300.08
池州市	430.59	21.54	409.05
安庆市	706.99	35.37	671.62
黄山市	53.63	2.68	50.95
全省	15 671.32	783.57	14 887.75

4.3.3　资源利用管控分区

煤炭资源利用管控分区含重点管控区和一般管控区。其中将高污染燃料禁燃区作为重点管控区，其余为一般管控区。

根据分析和划定结果，安徽省共划定 190 个煤炭资源管控区。其中重点管控区 92 个，面积 6 124.05 km^2，占全省国土面积的 4.37%；一般管控区 98 个，面积 134 050.33 km^2，占全省国土面积的 95.63%（表 4-20 和图 4-10）。

表 4-20　煤炭资源分区管控划定成果

行政区	辖区面积/km^2	重点管控			一般管控		
		个数	面积/km^2	占比/%	个数	面积/km^2	占比/%
合肥市	11 445.74	9	2 054.04	17.95	5	9 391.7	82.05
芜湖市	6 027.93	7	707.88	11.74	5	5 320.05	88.26
蚌埠市	5 949.91	7	167.36	2.81	7	5 782.56	97.19
淮南市	5 532.43	7	366.78	6.63	7	5 165.66	93.37
马鞍山市	4 050.89	6	108.01	2.67	6	3 942.87	97.33
淮北市	2 741.12	4	539.75	19.69	4	2 201.37	80.31
铜陵市	2 967.63	4	196.35	6.62	4	2 726.52	91.88
安庆市	13 526.32	4	171.44	1.27	10	13 367.75	98.83
黄山市	9 681.27	3	94.18	0.97	7	9 587.1	99.03
滁州市	13 520.27	8	450.58	3.33	8	13 069.69	96.67
阜阳市	10 118.52	8	255.97	2.53	8	9 862.55	97.47
宿州市	9 938.61	5	309.02	3.11	5	9 629.59	96.89
六安市	15 461.16	5	209.86	1.36	7	15 251.3	98.64
亳州市	8 522.72	4	288.97	3.39	4	8 233.76	96.61
池州市	8 367.36	4	75.65	0.90	4	8 323.6	99.48
宣城市	12 322.5	7	128.23	1.04	7	12 194.27	98.96
全省	140 174.39	92	6 124.05	4.37	98	134 050.33	95.63

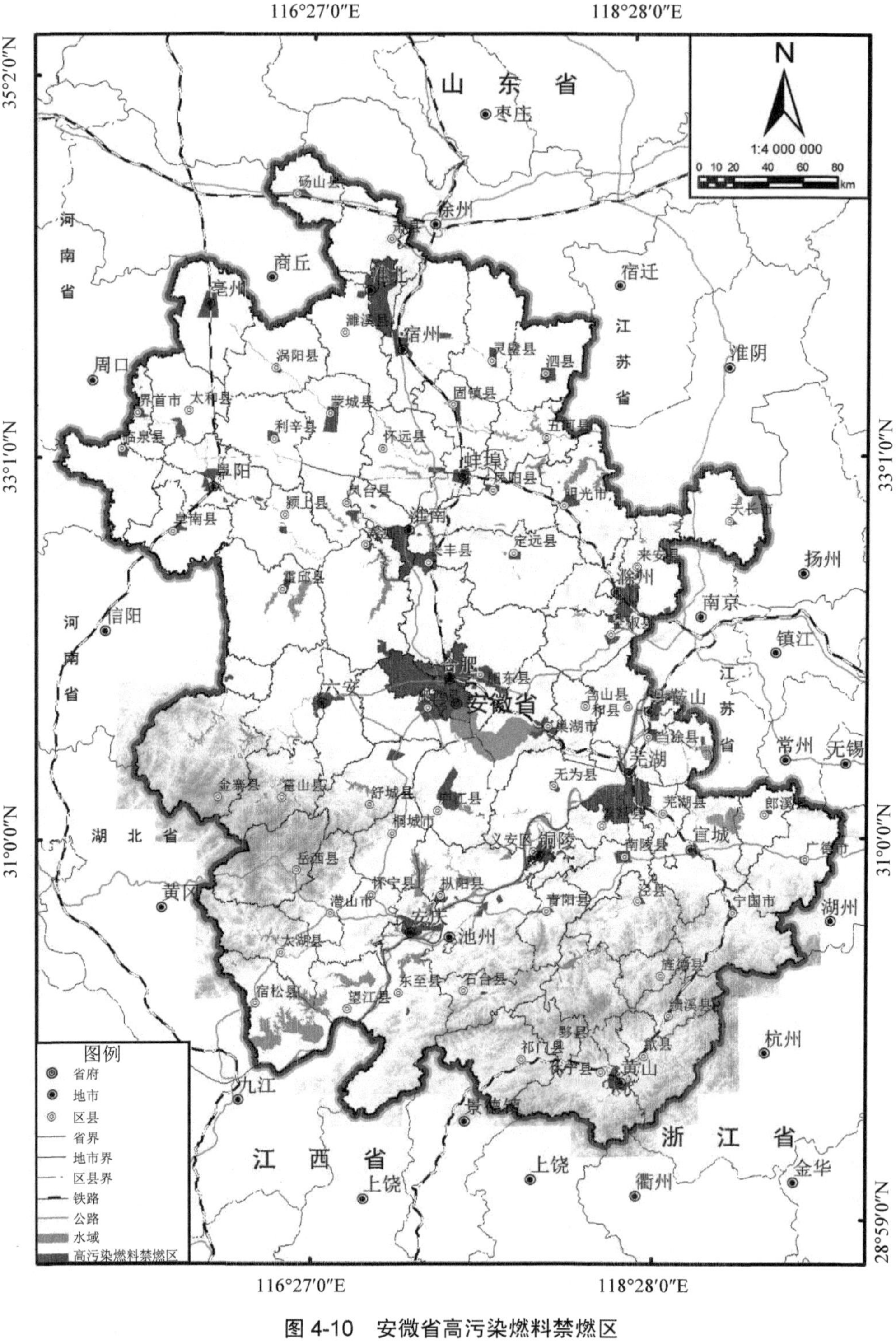

图 4-10 安徽省高污染燃料禁燃区

4.4　岸线资源利用上线与分区

4.4.1　长江岸线利用现状

长江安徽段所涉岸线区域为马鞍山、芜湖、铜陵、池州、安庆沿江 5 市，岸线总长度 1 112.7 km（含江心洲岸线）。根据研究分析可以看出，目前长江岸线利用存在以下问题：

1）开发利用程度相对较低。长江干流（河道）安徽段岸线利用率为 11.70%，在长江干流沿线 9 省市中排第 7 位。主要原因是安徽省缺乏统一权威的岸线规划引导，岸线管理相对薄弱。长江岸线资源存在无序开发、占而不用、多占少用、深水浅用等现象，岸线使用功能单一，资源综合利用率较低。

2）岸线开发区域差异明显。右岸、左岸已开发利用岸线分别达到 68.87 km、61.83 km，利用率分别为 21.38%、14.30%，其中，右岸开发利用集中分布于池州、铜陵、芜湖及马鞍山等城镇建设区域，左岸开发利用集中分布于安庆主城区以及枞阳县、无为县等重点城镇发展区。江心洲岸线分布广泛，只有零星洲滩低程度开发利用。

3）港口码头占用比例较高。已开发利用的长江干流岸线中，大部分为港口、工业等生产性码头，占用岸线 103.30 km，占已利用岸线的 79.00%，其他功能岸线占比较小。

4.4.2　长江岸线资源利用上线

根据安徽省岸线规划工作基础，对长江岸线资源利用上线进行了划定。根据安徽省水利厅、安徽省国土资源厅、安徽省发改委《关于印发安徽省长江岸线保护和开发利用规划的通知》（皖水管〔2018〕19 号），安徽省长江岸线总长度 1 112.7 km，共划分 173 个功能区。其中，岸线保护区 27 个，长度 102.65 km，占 9.23%；岸线保留区 49 个，长度 447.19 km，占 40.19%；岸线控制利用区 72 个，长度 357.82 km，占 32.16%；岸线开发利用区 25 个，长度 205.04 km，占 18.42%。岸线分区如下：

1）岸线保护区细化为岸线生态保护区（13 个，79.20 km）和水工程区（20 个，23.45 km）。

2）岸线保留区细化为生态保护区（45 个，336.56 km）、水工程区（1 个，0.70 km）、农业生产区（17 个，80.11 km）、跨江设施区（20 个，12.78 km）、港口设施区（8 个，13.30 km）、工业布局区（1 个，2.24 km）和旅游开发区（1 个，1.50 km）。

3）岸线控制利用区细化为生态保护区（59 个，175.1 km）、水工程区（7 个，4.99 km）、农业生产区（3 个，7.21 km）、旅游开发区（6 个，27.75 km）、跨江设施区（45 个，29.04 km）、城市建设区（11 个，18.69 km）、工业布局区（7 个，14.43 km）和港口设施区（40 个，80.61 km）。

4）岸线开发利用区细化为跨江设施区（41 个，24.46 km）、城市建设区（12 个，22.03 km）、工业布局区（18 个，44.35 km）、港口设施区（44 个，108.71 km）、水工程区（2 个，1.49 km）和生态保护区（3 个，4.00 km）。

《安徽省长江岸线保护和开发利用规划》将国家划定的岸线进一步细化，见表 4-21。

表 4-21 长江岸线利用规划基本情况

单位：km

类型		省级层面								
		生态保护区	水工程区	农业生产区	旅游开发区	跨江设施区	城市建设区	工业布局区	港口设施区	小计
马鞍山市	保护区	9.93	2.97	—	—	—	—	—	—	12.90
	保留区	48.02	0.70	—	—	1	—	—	—	49.72
	控制利用区	7.19	0.99	—	12.34	5.98	4.82	3.27	23.46	58.05
	开发利用区	—	—	—	—	4.80	2.86	0.44	20.02	28.12
小计		65.14	4.66	—	12.34	11.78	7.68	3.71	43.48	148.79
芜湖市	保护区	24.27	5.60	—	—	—	—	—	—	29.87
	保留区	48.94	—	18.09	—	1.89	—	2.24	—	71.16
	控制利用区	27.58	3.60	—	7.06	4.11	7.82	6.18	4.28	60.63
	开发利用区	—	0.70	—	—	13.39	15.76	40.16	35.18	105.19
小计		100.79	9.90	18.09	7.06	19.39	23.58	48.58	39.46	266.85
铜陵市	保护区	38.35	1.41	—	—	—	—	—	—	39.76
	保留区	104.89	—	—	1.50	3.56	—	—	11.17	121.12
	控制利用区	59.79	0.20	—	4.91	4.36	—	—	12.58	81.84
	开发利用区	4.00	—	—	—	2.49	—	—	20.42	26.91
小计		207.03	1.61	—	6.41	10.41	—	—	44.17	269.63
池州市	保护区	—	4.55	—	—	—	—	—	—	4.55
	保留区	49.33	—	34.80	—	3.08	—	—	0.91	88.12
	控制利用区	29.72	0.20	—	3.44	7.53	5.12	4.98	18.92	69.91
	开发利用区	—	—	—	—	2.78	3.41	3.75	16.48	26.42
小计		79.05	4.75	34.80	3.44	13.39	8.53	8.73	36.31	189
安庆市	保护区	6.65	8.92	—	—	—	—	—	—	15.57
	保留区	85.38	—	27.22	—	3.25	—	—	1.22	117.07
	控制利用区	50.82	—	7.21	—	7.06	0.93	—	27.31	87.39
	开发利用区	—	0.79	—	—	1.00	—	—	16.61	18.40
小计		142.85	9.71	34.43	—	11.31	0.93	—	50.36	238.43
合计	保护区	79.20	23.45	—	—	—	—	—	—	102.65
	保留区	363.56	0.70	80.11	1.50	12.78	—	2.24	13.30	447.19
	控制利用区	175.10	4.99	7.21	27.75	29.04	18.69	14.43	80.61	357.82
	开发利用区	4.00	1.49	—	—	24.46	22.03	44.35	108.71	205.04
全省		594.86	30.63	87.32	29.25	66.28	40.72	61.02	202.62	1 112.7

4.4.3 长江岸线资源管控分区

按照生态环境部“三线一单”岸线生态环境分类管控技术说明，长江岸线分为三类管控：

（1）优先保护岸线

优先保护岸线包括自然岸线、饮用水水源保护区、自然保护区、重要湿地、江河源头、珍稀濒危水生生物及重要水产种质资源的产卵场、索饵场、越冬场、洄游通道、河湖缓冲带及功能目标为Ⅰ类、Ⅱ类水体对应的岸线。结合《安徽省长江岸线保护和开发利用规划》主要划分依据，衔接安徽省生态保护红线成果，划定优先保护岸线。

（2）重点管控岸线

重点管控岸线包括现状及规划的各类港区及工业开发等人工化程度较高、生态环境压力较大的岸线。

（3）一般管控岸线

除优先保护岸线和重点管控岸线以外的区域划定为一般岸线。

根据以上要求及划定成果，安徽省长江岸线共划分生态环境分类管控岸线 383 段，合计 1 112.7 km。其中，优先保护岸线 180 段，长度为 725.06 km，占总岸线的 65.16%；重点管控岸线 192 段，长度为 339.98 km，占总岸线的 30.55%；一般管控岸线 11 段，长度为 47.66 km，占总岸线的 4.29%。管控单元分类统计见表 4-22 和图 4-11。

表 4-22 长江岸线分类统计

行政区	优先保护岸线		重点管控岸线		一般管控岸线		合计	
	段数	长度/km	段数	长度/km	段数	长度/km	段数	长度/km
安庆市	31	158.75	30	52.46	7	27.22	68	238.43
池州市	30	101.92	36	66.64	4	20.44	70	189.00
铜陵市	52	234.88	23	34.75	0	0	75	269.63
芜湖市	38	148.1	65	118.75	0	0	103	266.85
马鞍山市	29	81.41	38	67.38	0	0	67	148.79
全省	180	725.06	192	339.98	11	47.66	383	1 112.7

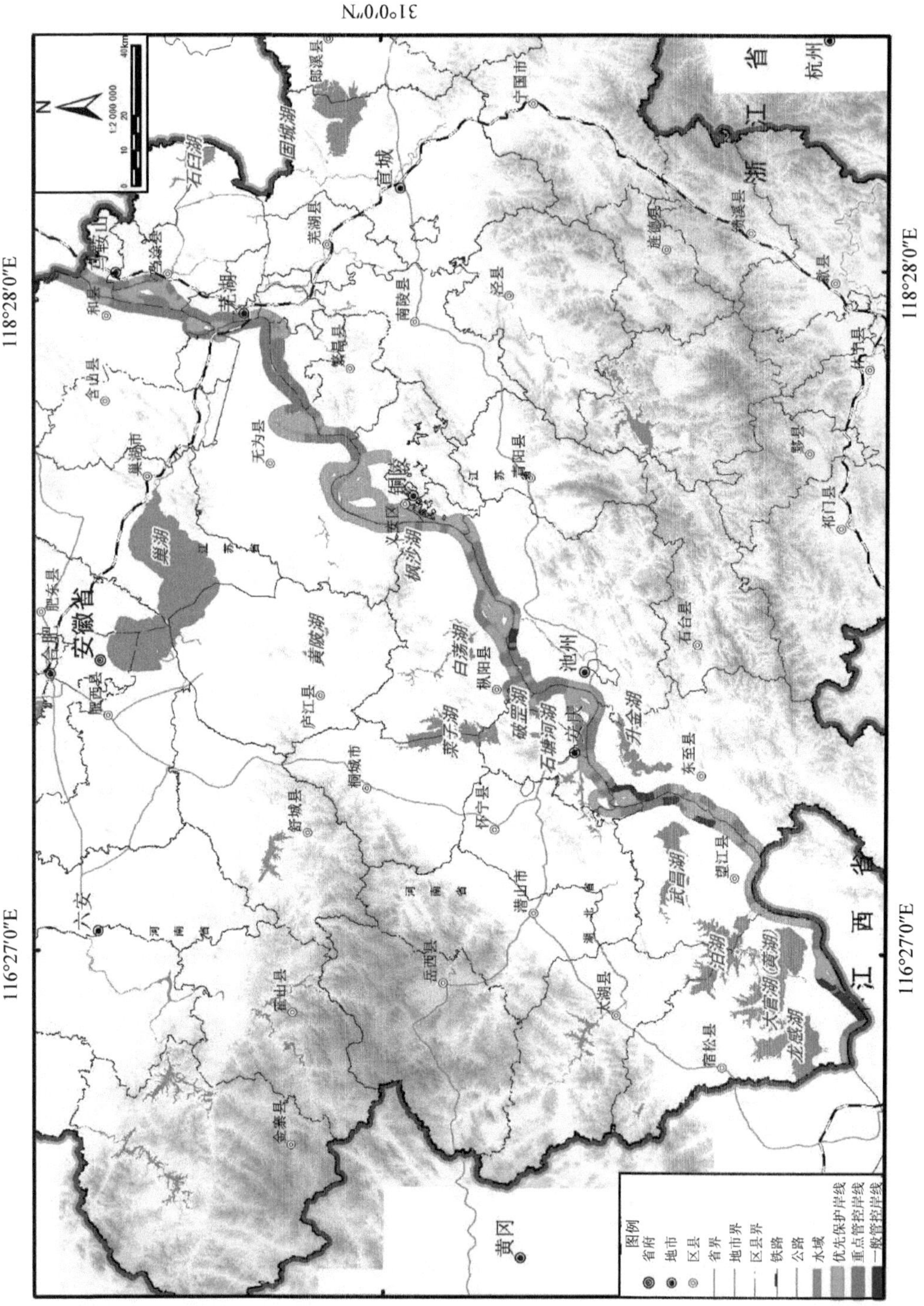

图 4-11 长江岸线资源管控区

第 5 章　生态环境管控单元划定

5.1　总体思路

集成生态保护红线及生态空间、环境质量底线、资源利用上线的管控区域，衔接土地利用总体规划、行政区划、城镇开发边界、开发区边界等，综合划定环境管控单元，形成“三线一单”一张图，编制生态环境准入清单，为实现区域差别化环境管理提供技术基础。

生态环境管控单元包括优先保护单元、重点管控单元和一般管控单元。其中优先保护单元是将生态空间、水环境优先保护区、大气环境优先保护区叠加取并集的结果；重点管控单元是将大气环境重点管控区、水环境重点管控区和土壤环境风险重点防控区叠加取并集的结果，主要涵盖城镇开发边界、省级及以上开发区等区域；除优先保护单元和重点管控单元外为一般管控单元。

5.2　管控单元划定成果

安徽省共划定生态环境管控单元 998 个。其中优先保护单元个数为 547 个，面积为 42 596.20 km^2，占全省国土面积的 30.39%；重点管控单元 348 个，面积为 23 922.10 km^2，占全省国土面积的 17.07%；一般管控单元 103 个，面积为 73 656.09 km^2，占全省国土面积的 52.54%（表 5-1 和图 5-1）。

表 5-1 生态环境管控单元划定成果

行政区	辖区面积/km^2	优先保护单元			重点管控单元			一般管控单元		
		个数	面积/km^2	占比/%	个数	面积/km^2	占比/%	个数	面积/km^2	占比/%
合肥市	11 445.74	51	2 241.30	19.58	32	3 027.40	26.45	7	6 177.04	53.97
芜湖市	6 027.93	32	1 002.85	16.64	26	1 362.09	22.60	8	3 662.99	60.76
蚌埠市	5 949.91	31	615.34	10.34	22	1 135.26	19.08	7	4 199.31	70.58
淮南市	5 532.43	31	585.63	10.59	19	1 526.30	27.59	7	3 420.50	61.82
马鞍山市	4 050.89	33	875.08	21.60	21	1 316.69	32.50	6	1 859.12	45.90
淮北市	2 741.12	15	116.91	4.27	13	1 371.92	50.05	4	1 252.29	45.68
铜陵市	2 967.63	24	1 007.58	33.95	17	699.95	23.59	4	1 260.10	42.46
安庆市	13 526.32	56	6 062.60	44.82	30	1 793.71	13.26	10	5 670.01	41.92
黄山市	9 681.27	41	7 606.07	78.56	21	627.05	6.48	7	1 448.15	14.96
滁州市	13 520.27	44	2 407.20	17.80	34	2 294.99	16.97	8	8 818.08	65.23
阜阳市	10 118.52	40	573.73	5.67	30	2 237.98	22.12	8	7 306.81	72.21
宿州市	9 938.61	27	1 002.78	10.09	16	1 920.84	19.33	5	7 014.99	70.58
六安市	15 461.16	37	6 346.07	41.05	18	1 252.91	8.10	7	7 862.18	50.85
亳州市	8 522.72	12	145.66	1.71	9	1 070.28	12.56	4	7 306.78	85.73
池州市	8 367.36	26	5 296.20	63.30	12	751.89	8.99	4	2 319.27	27.71
宣城市	12 322.51	47	6 711.21	54.46	28	1 532.84	12.44	7	4 078.46	33.10
全省	140 174.39	547	42 596.20	30.39	348	23 922.10	17.07	103	73 656.09	52.54

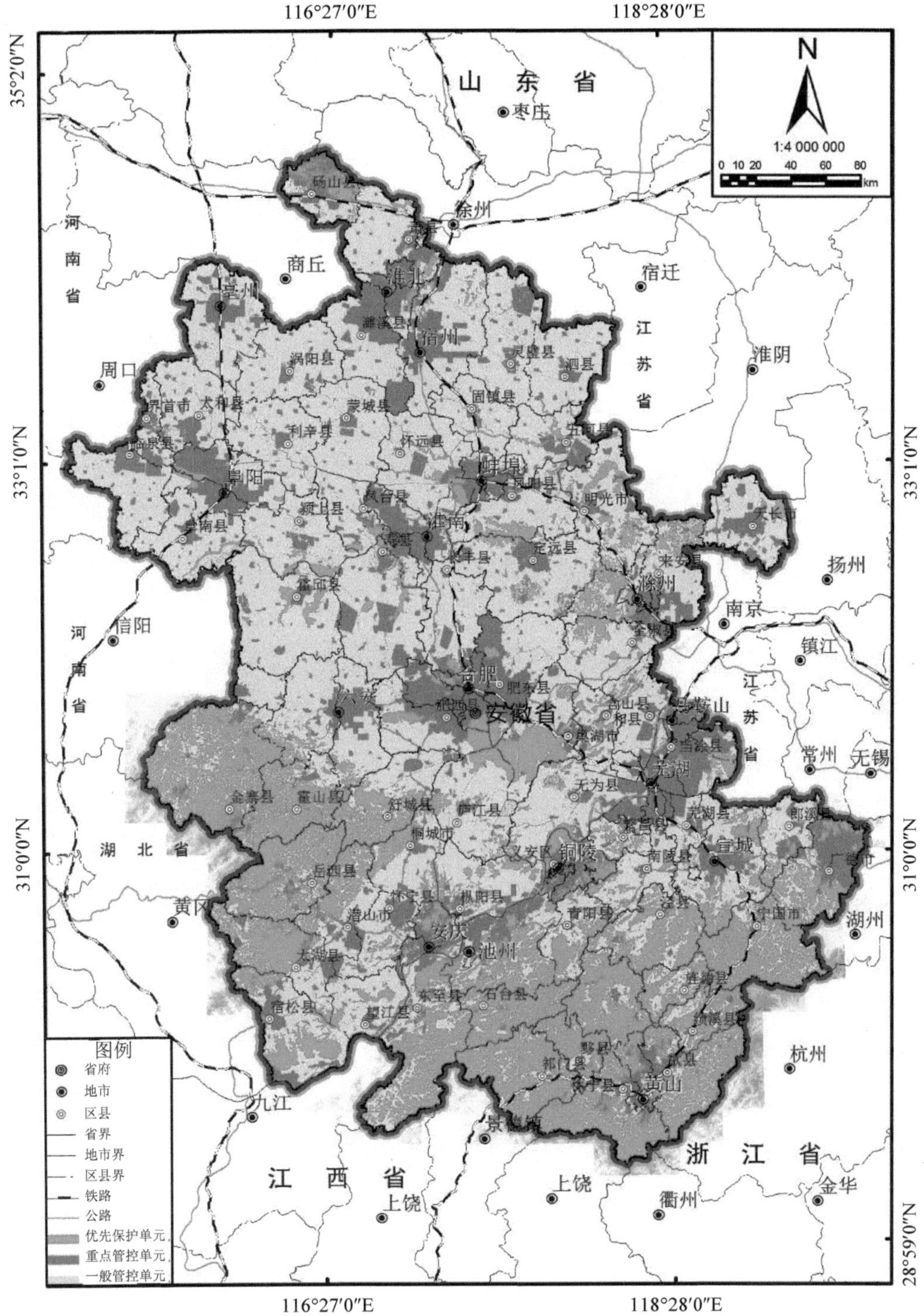

图 5-1　安徽省生态环境管控单元

第 6 章　生态环境准入清单

6.1　总体考虑与清单编制原则

生态环境准入清单以“三线”管控要求为基础，从要素和领域入手，按照空间布局约束、污染物排放管控、环境风险防控、资源开发效率四个方面，分别梳理国家和地方相关法律法规及各类规划、计划、政策文件以及战略/规划环评成果，衔接集成既有管理要求，有针对性地提出生态环境准入要求。生态环境准入清单编制基本原则：

（1）规范性原则

以“三线一单”技术指南和生态环境准入清单编制要点为指导，把握各类管控单元、各类管控要求的共性和差异性，规范清单内容、表达方式和成果格式。

（2）针对性原则

以环境管控单元为载体，以维护区域生态环境功能、改善环境质量为导向，着力解决突出环境问题，集成“三线”工作成果，衔接既有环境管理要求，对各环境管控单元分别提出管控要求。

（3）可操作原则

加强省级与市级上下联动、生态环境部门与相关部门横向对接，充分考虑地方资源禀赋、环境容量、产业基础和发展需求，确保管控要求适用、实用、管用。

（4）动态更新原则

随着生态文明建设、绿色发展理念的提升及高质量发展内涵、生态环境保护目标要求不断深化，对生态环境准入清单相关内容动态更新、不断完善。

6.2　清单编制思路

（1）梳理法规政策，衔接既有管理要求

从要素和领域入手，按照空间布局约束、污染物排放管控、环境风险防控、资源利用效率四个方面，分别梳理国家和地方相关法律法规及各类规划、计划、政策文件以及战略/规划环评成果，衔接集成现有管理要求。

（2）集成“三线”成果，明确单元管控目标

根据“三线”工作成果，将生态保护红线等环境要素空间布局约束要求，水和大气环境质量底线目标要求，土壤等环境风险防控要求，水资源、土地资源、煤炭资源和岸线资源等开发利用效率要求，在空间上落实到省、区域、市及管控单元。

6.3　清单编制成果

6.3.1　管控要求

6.3.1.1　分区管控

（1）优先保护单元

加强空间布局约束，允许的开发建设活动、禁止或限制的开发建设活动、不符合空间布局要求活动的退出方案等依据相关的法律法规和规章要求执行。

（2）重点管控单元

从加强污染物排放管控、环境风险防控和资源开发利用效率等方面，重点提出建设项目禁入清单、污染物排放管控、土壤风险防控、资源能源利用控制要求等。

（3）一般管控单元

按照现有环境管理要求，坚持生态优先的前提下进行管控。

6.3.1.2　分维度管控

（1）空间布局约束

在禁止或限制的开发建设活动、不符合空间布局要求活动的退出方案等方面，依据相关法律法规和规章的要求执行。

（2）污染物排放管控

着重从现有提标升级改造、新增源等量或倍量替代、新增源排放标准限制、污染物排

放绩效水平准入等方面提出。

（3）环境风险防控

着重从用地环境风险防控、园区环境风险防控、企业环境风险防控等方面提出。

（4）资源利用效率要求

着重从水资源利用效率要求、土地资源利用效率要求、煤炭资源利用要求等方面提出。

6.3.2 分级清单管控体系

根据《生态环境准入清单编制要点（试行）》的规定，结合安徽实际，建立“1+5+16+*N*”的四级清单管控体系。省级建立并发布省级清单、区域清单；初步确定市级清单，制作管控单元清单模板，市级清单、管控单元清单在下一步各市“三线一单”编制过程中进一步细化发布。

“1”即省级清单。统筹全省城镇建设、资源开发和产业发展形势，根据“三线”成果，以维护区域主导生态环境功能、解决区域内突出的环境问题为导向，确定省级普适性清单，体现环境管控单元的基础性、底线性要求。

“5”即区域清单。根据重点区域识别，针对沿江绿色生态廊道区、沿淮绿色生态廊道区、皖南山地生态屏障区、皖西大别山生态屏障区、环巢湖生态示范区的发展战略及自然资源禀赋，以区域内自然资源合理开发利用、满足区域发展战略为导向，确定区域差异化清单，体现环境管控单元区域的普适性、规范性要求。

“16”即市级清单。根据安徽省16个市的自身发展特点，针对现有环境管理差异，以产业结构现状不同为出发点，考虑各市自身发展诉求，确定市级地方特色清单，体现环境管控单元的针对性要求。

“*N*”即管控单元清单。根据划定的各管控单元所在区域特征，以管控要求易实施、好管控为导向，体现管控单元的可操作性要求。

省级清单、区域清单和市级清单适用于全省及市级的一般性管控要求，由优先保护、重点管控、一般管控三大类环境管控单元生态环境准入清单组成。其中优先保护单元生态环境准入清单针对生态空间及大气、水、土壤等环境要素的优先保护区编制，主要强调空间用途管控，以禁止和限制开发为主；重点管控单元生态环境准入清单针对大气、水、土壤、资源能源及岸线等要素的重点管控区编制，主要从空间布局约束、污染物排放管控、环境风险防控和资源利用效率要求等方面提出要求；一般管控单元根据内部地块属性，按单要素重点管控区执行重点管控单元相应管理要求。

第 7 章 “三线一单”应用机制

7.1 建立“三线一单”信息共享与成果应用系统

7.1.1 信息平台功能设计

结合全省环境大数据平台建设，在平台建设过程中预留相关业务管理接口，将“三线一单”信息共享与成果应用系统纳入环境大数据应用平台，将“三线一单”管控要求与生态环境日常管理工作结合起来，实现“三线一单”信息化管理，并与生态环境部及地市生态环境保护部门数据共享平台对接，实现数据动态交换。

7.1.2 信息平台应用管理

安徽省环境信息中心负责信息平台的运营与维护，预留与生态环境部国家智慧环境监管平台的接口及安徽省 16 个市相关环境监管平台接口，实现“三线一单”数据共享和动态管理；预留与国土空间基础信息平台的接口，实现全省国土空间规划“一张图”。

7.2 成果应用机制初步设想

7.2.1 成果落地应用初步设想

（1）坚持单元分类管控

优先保护单元以严格保护生态环境、严格限制产业发展为导向，禁止或限制大规模工业开发、矿产等自然资源开发和城镇建设。重点管控单元总体上以守住环境质量底线、积极发展社会经济为导向，已存在严重污染的重点管控单元，应当优化发展社会经济，实施环境治理和修复。一般管控单元以适度发展社会经济、避免大规模高强度开发为导向，在坚持生态优先的前提下，将地方经济产业发展所需空间预留出来。

（2）严格执行准入清单

执行生态环境准入清单，应当坚持以改善环境质量、维护生态安全为核心，以现行有效法律法规、政策文件、规划计划等为准绳，建立分层级的清单管理体系，强化清单管理硬约束。清单中应明确以下原则：①法律法规和相关政策文件中已有规定，清单中未列出的，从其规定；②清单中对同一事项管控要求不同时，根据其编制依据的效力高低进行协调，法律法规和政府规章的效力大于其他编制依据，四级清单体系的优先顺序分别为省级清单、区域清单、市级清单、单元清单；③清单中词条摘自法律法规和不同部门的政策文件，对同一事项如有尺度不一致的，执行其中对环境保护更有利的要求；④对于有明确编制依据的管控要求，当编制依据发生修订、修改、修正时，相应管控要求按其最新有效版本执行，并及时在清单中更新；当编制依据废止或失效（含部分废止或失效）时，相应管控要求不再执行，并及时从清单中删除；⑤清单中涉及部门的职责职能，以最新“三定”方案为准。

（3）开发建设应用平台

在已建展示平台的基础上，拓展开发“三线一单”应用平台，包括成果展示、辅助决策、数据管理、共建共享、应用延伸等模块。成果展示即将全省“三线一单”划定成果以图、表等形式清晰展示，便于查询；辅助决策即通过“三线一单”成果辅助解决区域环评、规划环评、项目环评等环境管理需求；数据管理即将“三线一单”成果纳入环保大数据平台，同时根据需要及时更新完善“三线一单”成果；共建共享即构建纵向（生态环境部、市县区生态环境部门）和横向（省级相关职能部门）的信息共享体系；应用延伸即预留排污许可、监测、执法等系统的数据接口。

（4）部署市级层面编制

省“三线一单”通过生态环境部技术审核和省委、省政府审议发布后，立即部署启动市级“三线一单”编制工作。市级层面“三线一单”编制的重点是细化管控单元分区，优化管控清单编制，使管控单元更加精细，管控要求更加精准，“三线一单”成果更容易落地，确保2020年前全省“三线一单”体系基本建成，并发挥应有的功能。

7.2.2 成果更新调整初步设想

（1）“三线一单”成果更新调整的内容及审查部门

“三线一单”成果更新调整分为两大块，一是环境管控分区划定成果，二是生态环境准入清单。环境管控分区划定成果由省“三线一单”编制领导小组审查同意后方可调整；生态环境准入清单由省生态环境厅“三线一单”编制领导小组审查同意后方可调整。

（2）环境管控分区划定成果更新调整的时间和条件

1）“三线一单”环境管控分区划定成果原则上每五年评估论证一次，根据评估论证结果，确需更新调整的，经省“三线一单”编制领导小组审定后予以调整。

2）“三线一单”环境管控分区划定成果调整后，原则上五年内不得再次调整。

3）“三线一单”环境管控分区调整过程中，除自然保护地、大气一类功能区等调整外原则上不应将优先保护单元调整为重点管控或一般管控单元。

4）下列情况下经省“三线一单”编制领导小组审定同意后，可适时组织调整：

因国土空间规划、国家与地方重大发展战略、自然保护地体系、饮用水水源保护区调整等重大变化发生而导致“三线一单”环境管控分区划定成果不符合实际需要的；

因区域环境质量状况发生明显变化需要调整环境质量底线目标（原超标地区稳定达标、原达标地区严重恶化）而导致“三线一单”环境管控分区划定成果不符合实际需要的；

因不可抗拒因素致使资源承载能力发生明显变化而导致“三线一单”环境管控分区划定成果不符合实际需要的；

设区市级人民政府或省级相关行业主管部门经研究认为有必要增加其他成果的；

设区市级人民政府或省级相关行业主管部门经研究认为有必要对辖区内“三线一单”环境管控分区划定成果实施更新调整的其他情形。

5）“三线一单”环境管控分区划定成果调整后，应及时在“三线一单”应用平台上更新，并向生态环境部报备。

省级“三线一单”环境管控分区划定成果发生更新调整时，有关市应当同步组织对市级“三线一单”环境管控分区划定成果进行相应更新调整。

（3）生态环境准入清单更新调整的时间和条件

1）生态环境准入清单体系。生态环境准入清单分为省级清单、区域清单、市级清单、单元清单。

2）普适性清单调整的条件。省级清单、区域清单、市级清单多为普适性内容，引自相关法律法规、政府规章、政策文件、规划计划等条文，当上述编制依据发生修订、修改、修正时，清单中的相应管控要求须做出相应调整。

3）单元清单调整的条件。单元清单是根据管控单元的区域特征、环境质量、资源禀赋、突出环境问题、环境风险隐患等，在现行法律法规、政府规章、相关部门政策文件和规划计划的基础上，明确精细化、精准化的环境管理要求。当上述条件发生变化时，须对单元清单内容做出相应调整。

4）生态环境准入清单调整的主体。省级清单、区域清单的调整主体为省级生态环境部门；市级清单、单元清单的调整主体为市级生态环境部门。

5）生态环境准入清单调整的时间。省级清单、区域清单、市级清单经省生态环境厅“三线一单”编制领导小组审查同意后可适时调整；单元清单经省“三线一单”技术组评估并报省生态环境厅“三线一单”编制领导小组审查同意后可适时调整。

参考文献

[1] 《长江经济带战略环境评价工作方案》（环境保护部，环办环评〔2017〕83 号，2017.10.24）.

[2] 《“生态保护红线、环境质量底线、资源利用上线和环境准入负面清单”编制技术指南（试行）》（环境保护部，环办环评〔2017〕99 号，2017.12.29）.

[3] 《“三线一单”试点工作方案》（环境保护部，环办环评〔2017〕894 号，2017.6.9）.

[4] 《“三线一单”编制技术要求（试行）》（生态环境部，环办环评〔2018〕14 号，2018.6.26）.

[5] 《长江经济带战略环境评价“三线一单”编制工作实施方案》（生态环境部，环办环评函〔2018〕14 号，2018.3.23）.

[6] 《“三线一单”成果数据规范（试行）》（生态环境部，环办环评〔2018〕18 号，2018.7.25）.

[7] 《“三线一单”图件成果制图规范（试行）》（生态环境部，环办环评〔2019〕4 号，2019.1.22）.

[8] 《生态环境准入清单编制要点（试行）》（生态环境部，环办环评〔2019〕6 号，2019.1.25）.

[9] 《长江经济带 11 省（市）及青海省“三线一单”成果技术审核规程》（生态环境部，环办环评函〔2019〕273 号，2019.3.13）.

[10] 《“三线一单”岸线生态环境分类管控技术说明》（生态环境部，2019.2.21）.

[11] 《“三线一单”对口指导工作规程（试行）》（生态环境部，2019.6.13）.

[12] 《关于推动做好“三线一单”成果技术审核及发布相关工作的函》（生态环境部，环评函〔2019〕73 号，2019.8.9）.

[13] 《安徽省长江经济带战略环境评价“三线一单”编制工作实施方案》（安徽省生态环境厅，皖环函〔2018〕455 号，2018.4.16）.

[14] 《关于发布安徽省生态保护红线的通知》（安徽省人民政府，皖政秘〔2018〕120 号，2018.6.29）.